U0158991

大型光伏电站直流升压汇集接入技术丛书

四川出版发展公益基金会
资助项目

四川省2021—2022年度重点图书出版规划项目

# 光伏电站直流升压汇集接入系统控保技术

奚鑫泽 黄文焘 邢 超 邰能灵◎著

西南交通大学出版社
·成 都·

**图书在版编目（ＣＩＰ）数据**

光伏电站直流升压汇集接入系统控保技术 / 奚鑫泽

等著.-- 成都：西南交通大学出版社，2023.12

　　ISBN 978-7-5643-9650-3

　　Ⅰ．①光… Ⅱ．①奚… Ⅲ．①光伏电站 – 系统设计 –

研究 Ⅳ．①TM615

中国国家版本馆 CIP 数据核字（2023）第 249516 号

Guangfu Dianzhan Zhiliu Shengya Huiji Jieru Xitong Kongbao Jishu

# 光伏电站直流升压汇集接入系统控保技术

| | |
|---|---|
| 奚鑫泽　黄文焘 | 出 版 人／王建琼 |
| 邢　超　邰能灵　／著 | 责任编辑／李芳芳 |
| | 封面设计／吴　兵 |

西南交通大学出版社出版发行

（四川省成都市金牛区二环路北一段 111 号西南交通大学创新大厦 21 楼　610031）

营销部电话：028-87600564　　028-87600533

网址：http://www.xnjdcbs.com

印刷：四川煤田地质制图印务有限责任公司

成品尺寸　185 mm × 240 mm

印张　11　　字数　215 千

版次　2023 年 12 月第 1 版　　印次　2023 年 12 月第 1 次

书号　ISBN 978-7-5643-9650-3

定价　128.00 元

# 《光伏电站直流升压汇集接入系统控保技术》

# 编 委 会

**主要著者** 奚鑫泽 黄文焘 邢 超 邰能灵

**其他著者** 李胜男 唐立军 何 鑫 徐 志

向 川 许守东 覃日升 周 鑫

孟 贤 和 鹏 马 遵

# 前　言

随着新能源装机规模与占比的不断提高，并网稳定运行成为新能源持续发展的技术瓶颈。现有新能源场站主要采用交流升压汇集，宽频振荡及电压越限事故频发，导致机组脱网、设备损坏、弃风弃光增加，严重影响新能源场站与电网的安全稳定，这成为世界性难题。

采用直流升压汇集是解决上述问题的有效手段与颠覆性方案。因光伏输出为直流电，采用直流升压汇集更具优势，除了可避免交流升压汇集固有的振荡问题和无功功率传输导致的电压越限问题，还可提升系统效率，在"双碳"战略推进、光伏产业迅猛发展形势下具有极其广阔的前景。

在国家重点研发计划"智能电网技术与装备"重点专项"大型光伏电站直流升压汇集接入关键技术及设备研制"的支持下，作者团队对光伏电站直流升压汇集接入系统控保技术开展了相关研究。本书主要依托于该项目的研究成果编写而成，希望能够为读者提供有益参考。

本书共 7 章，主要内容围绕人型光伏电站直流升压汇集接入系统的组成、故障特性与控保技术展开。

第 1 章简要介绍了光伏发电及其并网系统，以及光伏电站直流升压汇集接入技术的研究进展。

第 2 章分析了光伏电站交流升压汇集系统存在的问题，给出了一种光伏电站直流升压汇集系统拓扑，并对其组成部分进行了详细介绍。

第 3 章研究了光伏电站直流升压汇集接入系统中的关键环节——模块化多电平变换器的故障特性，综合分析了直流升压汇集接入系统在不同接地方式与典型故障下的系统响应特性。

第 4 章从光伏电站直流升压汇集接入系统的单元层、汇集层介绍了系统分层协同控保体系架构，并对控制与保护协同方案进行了分析。

第 5 章介绍了光伏电站直流升压汇集接入系统单元层协同控保技术，分析了纵联差动保护多端数据自同步机制，给出了基于限流电抗的低压直流线路保护、基于自定义差分电流的高压直流线路保护与高频交流阻抗差动保护方案。

第 6 章介绍了光伏电站直流升压汇集接入系统汇集层控保技术，给出了基于功率量与基于暂态高频有功功率的汇集层保护方案。

第 7 章介绍了光伏电站直流升压汇集接入系统故障定位技术，给出了基于主动脉冲测距和基于数值计算的故障测距方法，分析并给出了渐进性故障定位的原理与方法。

由于作者水平有限，书中难免存在疏漏之处，恳请读者不吝赐教并提出宝贵意见。

作　者

2022 年 10 月

# 目　录

# 第 1 章

## 概　述

## 1.1 光伏发电及其并网系统

随着环境污染问题日益严重，世界各国对太阳能、风能等可再生能源的开发与利用规模不断增大。2013 年 7 月，国务院发布《关于促进光伏产业健康发展的若干意见》（国发〔2013〕24 号），旨在大力推进光伏产业发展。2016 年 12 月，国家发展改革委发布了《可再生能源发展"十三五"规划》（发改能源〔2016〕2619 号），继续促进光伏发电规模化应用。光伏发电主要有分布式光伏发电与集中式光伏发电两种形式。分布式光伏发电的特点是小规模分散开发，低压接入就地消纳，典型应用场景为家庭户用光伏；集中式光伏发电为大规模集中开发，中高压接入、高压远距离外送消纳，典型应用场景为太阳能资源丰富区域的大规模光伏电站。总体而言，我国光伏发电呈现出"分散开发、低压就地接入"与"大规模集中开发、中高压接入"并举的发展特征，但相比之下，大规模光伏电站的发电效率与经济性更高。

光伏发电存在功率密度小、出口电压低、随机波动大的特征。光伏发电单元的输出须经过升压汇聚后方可达到并网条件。传统光伏电站采用交流升压汇集技术，即光伏阵列输出的直流电经单元逆变器变换后得到稳定的低压三相交流电，再通过母线汇聚后由交流升压变压器接入电网。对于大容量光伏电站，传统交流升压汇集方式下系统感抗与容抗较大，主要存在两个问题：

（1）光伏电站接入弱电网时站内多逆变器并联稳定问题突出，宽频域振荡频发。

（2）站内交流汇集线路损耗大，系统整体效率偏低，无功传输导致电压越限频发。

上述问题一方面影响光伏电站的安全运行，制约电站的送出能力；另一方面还会威胁电力系统的稳定运行。

随着柔性直流输电技术的发展，光伏电站直流升压汇集技术逐渐得到关注。如图1-1 所示为光伏电站直流升压汇集接入系统示意图。该升压汇集方式采用直流升压变换器，也称为直流变压器、DC/DC 变换器，将光伏阵列输出的低压直流电升高至中压或高压水平进行进一步汇集，经直流线路送出，最后经并网变换器并入交流电网。在此方式下，传统交流升压汇集系统中的光伏阵列单元逆变器、工频升压变压器及交流汇集线路被直流变换器与直流线路替代。

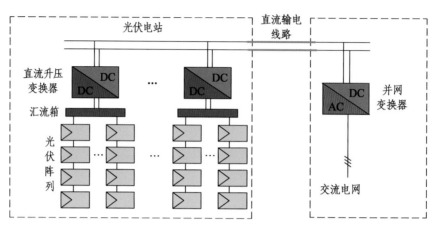

图 1-1 光伏电站直流升压汇集接入系统示意图

采用直流升压汇集系统能够克服前述传统交流升压汇集系统存在的不足，并具有以下优势：

（1）相比三相交流线路，相近电压等级的直流线路投资少。

（2）不存在交流升压汇集系统固有的无功传输与无功补偿问题，损耗小、效率高。

（3）可方便地与直流输电线路连接进行光伏功率外送。

采用直流升压汇集技术是提高大型光伏电站并网容量与效率的有效手段，并已逐渐成为光伏电站的发展趋势。该技术在海上风力发电接入等可再生能源直流输变电技术领域也有广阔的应用前景。因此，对光伏电站直流升压汇集接入系统进行深入研究有着重要的工程价值与意义。

## 1.2 光伏电站直流升压汇集接入技术进展

### 1.2.1 光伏直流升压汇集接入系统关键设备

高电压、高升压比、大功率直流变换器是当前光伏直流升压汇集的技术瓶颈之一，其相关理论研究与设备研制还未成熟。应用于光伏直流升压汇集接入系统的直流变换器需具备以下特点：

1. 高电压、高升压比

光伏组件的出口电压一般为 30～40 V，而光伏组件的绝缘耐压水平多在 1 kV 以内，通常最多只能将 20～30 块光伏组件串联起来形成光伏组串以保证设备绝缘耐压水平在要求范围之内。因此，光伏直流变换器的直流输入电压一般在 1 kV 左右。为减小功率传输损耗，光伏直流变换器需将输入电压升高至数十千伏及以上再进行传输，因此需要高耐压、高升压比的直流变换器来实现光伏发电接入中高压直流系统。

2. 大容量

目前，光伏发电基地的容量越来越大，通常在数十兆瓦至数百兆瓦。为了节约系统成本并提高系统的发电效率，通常将光伏组件串并联形成 500 kW、1 MW 或更大容量的光伏阵列单元。目前，商用直流变换器多属于低压小功率变换器，缺少应用于光伏直流升压并网的高压大容量直流变换器。

3. 高功率密度、高效率

光伏组件在整个光伏发电系统成本中所占比例约为 30%，而光伏组件的转换效率通常为 20%。因此，需要光伏直流变换器具有光伏最大功率跟踪功能，同时要求光伏直流变换器具有高变换效率与高功率密度，以提高整个系统的效率。

综上所述，高电压、高升压比、大容量、高功率密度及高效率的直流变换器是大型光伏电站直流升压汇集接入系统发展与应用的技术需求。目前已有的研究成果中，适用于高压大功率场合的直流变换器多采用谐振式电路、模块化多电平电路、模块串并联组合电路等拓扑，其典型示例分别如图 1-2～图 1-4 所示。

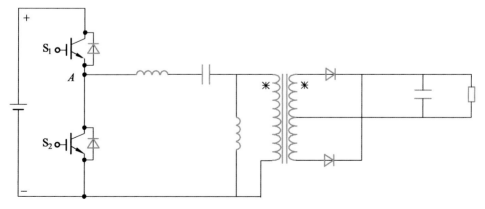

图 1-2　基于谐振电路的直流变换器

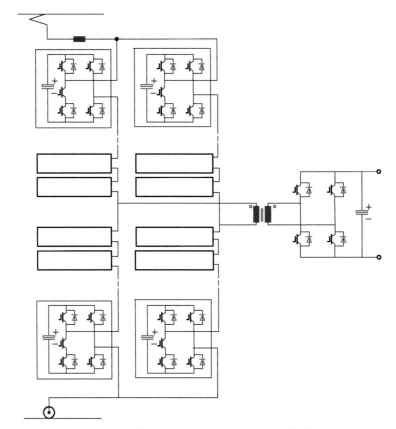

图 1-3　基于模块化多电平的直流变换器

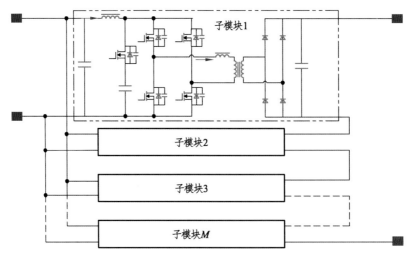

图 1-4　基于模块串并联组合的直流变换器

基于谐振电路的直流变换器通过控制开关频率来调节输出电压，其拓扑结构中省去了交流变压器，减小了体积和重量，但在高压大功率场合应用时控制系统复杂、硬件成本相对较高；同时，谐振开关单元数量较多，谐振电感和谐振电容参数的一致性难以保证，进而影响系统可靠性并增加了损耗。

模块化多电平变换器（Modular Multi-level Converter，MMC）近年来获得了广泛的关注，并在以直流输电为代表的直流系统中获得了成功的商业化推广应用。MMC 通过子模块的投切配合来实现功率输出与电能变换，具有高度模块化的结构，可实现冗余控制，系统可靠性高。基于模块化多电平的直流变换器中，一般采用中高频变压器的一侧连接 MMC，另一侧连接 AC/DC 变换器。基于模块化多电平的直流变换器在实现直流电压变换的同时，减小了设备体积与重量，提高了功率密度。

基于低压小功率直流变换模块串并联组合的直流变换器可较容易地满足不同电压等级和功率等级的需求，避免了开关器件直接串并联带来的器件均压和均流问题。通过选择合适的模块拓扑和控制策略，亦可实现开关器件的软开关以降低系统损耗，在系统扩容、散热设计等方面具有较大的优势。此类型的直流变换器在运行时需通过合适的控制来保证各串并联模块之间的均压与均流。

随着功率器件性能参数的提升与电力电子技术的进步，直流变换器电压等级、功率等级、升压比、效率等指标不断提升，变换器成本不断下降，为光伏电站直流升压汇集接入系统的发展创造了良好条件。

## 1.2.2　光伏直流升压汇集接入系统控保技术

直流变流技术及直流变换器的推广应用为光伏直流升压汇集接入系统关键技术及工程实践提供了条件。光伏直流升压汇集接入系统控保技术是实现系统总体控制和保护的关键技术，当前已有一定的成果，但也存在一些不足：

由于保护区内末端故障和区外近端的故障特性差异很小，过电流保护和微分欠压保护难以准确识别故障位置，且易受过渡电阻和运行方式的影响。阻抗保护难以实现短时间窗内快速且精确的阻抗测量，使得测距式保护的动作时间很难满足保护速动性的要求。电流差动保护需要严格的数据同步，区外故障时微小的时间差也可能产生较大的差动电流使得保护误动。行波保护应用于直流输电系统中存在行波波头检测困难、采样频率要求高等问题。

此外，已有柔性直流输电控保技术的研究主要是针对 DC/AC 变换器与直流线路，对光伏直流变换器相关的控保策略研究不是很充分。在运行控制方面，已有直流变换器控保技术主要侧重在单个设备层面，未考虑与其他设备或组成单元之间的协调，缺乏涵盖发电、升压汇集、输送、并网多个环节相互协同的系统化控保技术。

由于光伏电站直流升压汇集接入这种新方案存在 DC/DC、DC/AC 多类型变换器共存、直流汇集网络分支众多、直流线路短、接地方式与运行方式多样等情况，传统继电保护与柔性直流输电保护在此场合应用时还需进一步研究与改进。在高压大容量直流变换器研制取得突破的同时，亟待从系统层面研究与发展光伏直流升压汇集接入系统控保技术，从而提高光伏电站的安全稳定运行水平，促进光伏电站直流升压汇集接入系统的工程化及产业化。

## 1.3　本章小结

本章提出了传统光伏电站交流升压汇集接入系统存在的问题，介绍了采用直流升压汇集方案的优势，分析了直流变换器与系统控保技术在大型光伏电站直流升压汇集接入系统中的应用需求。

# 第 2 章

# 光伏电站升压汇集接入系统

## 2.1　交流升压汇集接入系统

传统光伏电站一般采用交流升压汇集接入系统，其中一种典型的系统拓扑结构如图 2-1 所示。该系统主要由光伏阵列、汇流箱、逆变器、箱式变压器、站内主变压器等组成。站内光伏阵列产生的直流电由汇流箱进行汇聚，后经逆变器转换为交流电并由箱式变压器进行升压汇集，最后再经站内主变压器进一步升压后送入电网。

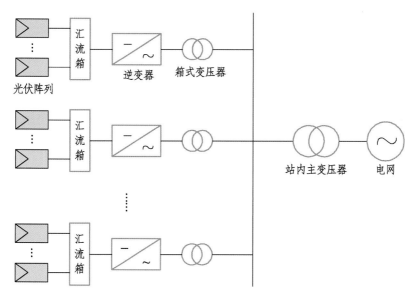

图 2-1　光伏电站交流升压汇集接入系统拓扑

基于上述结构的大容量光伏电站中，交流升压汇集系统感抗与容抗较大，并且存在多逆变器及其输出滤波器、无功补偿装置等并联运行的稳定问题，电压越限或谐振频繁，影响光伏电站与电力系统的安全稳定运行，制约着光伏电站的送出能力。

## 2.2　直流升压汇集接入系统

光伏电站中光伏阵列输出为直流电，因此更适合采用直流汇集方式。该方式可以减少交直流中间变换环节，并且具有以下优点：

（1）不存在交流升压汇集系统固有的无功传输与无功补偿问题，损耗小、效率高。

（2）可方便地与直流输电线路连接进行光伏功率外送。

（3）相比工频变压器，采用中高频变换的直流升压变换器重量轻、体积小。

因此，光伏电站直流升压汇集成为发展趋势。光伏电站直流升压汇集接入系统由光伏发电单元、直流升压变换器、直流汇流装置、并网变换器等环节组成。光伏发电单元主要实现光电转换；直流升压变换器主要实现光伏最大功率跟踪（Maximum Power Point Tracking，MPPT）、直流电压等级提升、电气隔离等；并网变换器将直流电转换成交流电接入电网。

## 2.2.1 直流变换器

第 1 章已介绍过当前用于高压大功率场合的直流变换器多采用谐振式电路、模块化多电平电路、模块串并联组合电路等拓扑。采用这些拓扑构成的直流变换器应用于光伏发电直流升压汇集时，主要有两种功能：① MPPT 功能；② 直流升压功能。

因此，根据直流变换器所承担功能的差异，光伏直流升压变换器可以分为两种结构：单级直流变换器结构与两级直流变换器结构。

（1）单级直流变换器拓扑结构。如图 2-2（a）所示，单级直流变换器既承担光伏阵列的 MPPT 功能，也承担直流升压功能。这种结构的主要缺点在于 MPPT 能力较弱，易受光伏组串间失配问题影响，不能充分发挥光伏组件生产电能的能力，其优势在于减少了变换器数量，降低了成本。

（2）两级直流变换器拓扑结构。如图 2-2（b）所示，在两级直流变换器结构中，前级直流变换器更靠近光伏阵列，实现 MPPT 控制功能；后级直流变换器承担直流升压功能。两级直流变换器结构的 MPPT 能力强于单级直流变换器结构，能有效降低光伏组串失配影响，提升光伏电站功率输出能力。相比于单级直流变换器结构，两级直流变换器所用电力电子变换器数量多，相应投资建设成本高。

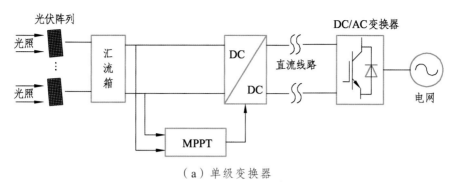

（a）单级变换器

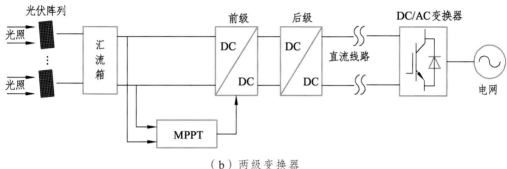

（b）两级变换器

图 2-2　光伏直流升压变换器拓扑结构

## 2.2.2　直流升压汇集接入系统拓扑结构

参考传统交流升压汇集系统中光伏阵列、变换器的不同连接形式，几种可应用于光伏电站的直流升压汇集接入系统拓扑结构如图 2-3 所示。

### 1. 集中式拓扑结构

如图 2-3（a）所示，集中式拓扑结构一般采用单级直流变换器结构。多个光伏组串（由多个光伏面板串联组成）并联后经过直流变换器升压汇集，再经由 DC/AC 并网变换器接入交流电网。集中式拓扑结构的优点在于结构简单、变换器数目少、成本低。由于整个系统依赖唯一的直流变换器，故可靠性较低，光伏组串间容易出现失配问题，MPPT 能力较弱，导致系统发电能力受限。

### 2. 单串式拓扑结构

如图 2-3（b）所示，单串式拓扑结构采用两级变换器结构。在该拓扑结构中，每一个光伏组串都通过各自的第一级直流变换器进行 MPPT 控制。不同组串之间经过并联汇集之后，再由第二级直流变换器进行升压。单串式拓扑结构中各光伏组串可以实现独立的 MPPT 控制，光伏组串功率输出能力得到加强；各光伏组串具有独立的直流变换器，提高了系统的可靠性，但是投资建设成本及维护成本也随着变换器数目的增加而增加。

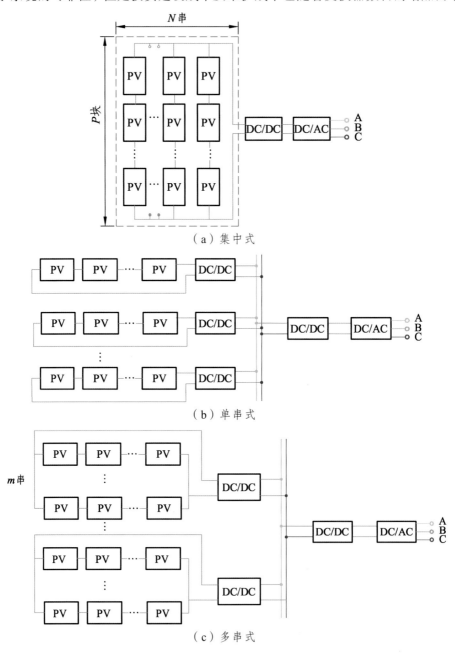

（a）集中式

（b）单串式

（c）多串式

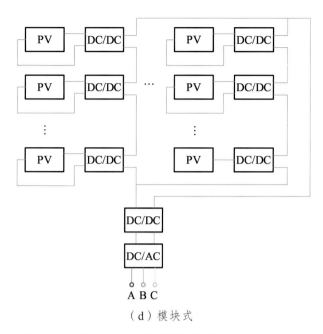

（d）模块式

图 2-3    光伏电站的直流升压汇集接入系统拓扑结构

### 3. 多串式拓扑结构

如图 2-3（c）所示，多串式拓扑结构采用两级变换器结构，多个光伏组串以并联关系通过第一级直流变换器进行 MPPT 后汇入直流母线，经过第二级直流变换器实现升压，最终经由 DC/AC 并网变换器接入交流电网。多串式拓扑结构受光伏组串间失配问题影响，其 MPPT 控制能力要弱于单串式拓扑结构，但仍可以有效提高光伏电站的功率输出能力。其缺点在于变换器数量众多。

### 4. 模块式拓扑结构

如图 2-3（d）所示，模块式拓扑结构中每个光伏面板都有各自的直流变换器，各光伏面板可以实现独立的 MPPT 控制，其 MPPT 能力最强。模块式拓扑结构具有高可靠性、高灵活性，能够即插即用；主要缺点在于随着光伏电站容量的提升，变换器数量会显著增加，导致成本大幅提高。因此，模块式拓扑结构一般应用于规模比较小的光伏电站。

表 2-1 给出了上述几种光伏直流升压汇集接入系统拓扑的对比。

模块式拓扑结构因每个光伏面板都使用直流变换器进行 MPPT 控制，因而其 MPPT 控制能力最强，但应用到大功率场景时，其变换器数量会显著增加，成本会大幅提高。单串式拓扑结构能有效降低光伏组串间失配问题影响，适用于光照不均匀、地势崎岖起伏的场景。集中式拓扑结构变换器数量最少、成本最低，其 MPPT 控制能力最弱，适用于光照均匀、地势平坦、光伏组串失配问题较小的场景。多串式拓扑结构是介于集中式拓扑结构与单串式拓扑结构之间的一种结构。实际中可根据具体需求与目标，选用上述某种拓扑或对上述拓扑进行改进。

表 2-1　直流升压汇集接入系统拓扑结构对比

| 拓扑结构 | 器件数量 | | | MPPT 能力 |
|---|---|---|---|---|
| | 光伏面板数量 | 直流变换器 | DC/AC 变换器 | |
| 集中式 | $P \times N \times n$ | 前级：0<br>后级：$n$ | 1 | L |
| 单串式 | $P \times N \times n$ | 前级：$N \times n$<br>后级：$n$ | 1 | H |
| 多串式 | $P \times N \times n$ | 前级：$\dfrac{N}{m} \times n$<br>后级：$n$ | 1 | M |
| 模块式 | $P \times N \times n$ | 前级：$P \times N \times n$<br>后级：$n$ | 1 | HH |

表中：$N$—光伏组串数；$P$—组串中光伏面板数；$n$—升压汇集线路数；L—低；M—中等；H—高；HH—最高

## 2.3　光伏电站直流升压汇集接入系统模型

综合考虑 MPPT 能力、直流变换器数量及其容量，图 2-4 给出了一种光伏电站直流升压汇集接入系统拓扑。该系统由多个光伏直流升压单元组成，每个单元包含光伏阵列、Boost 变换器、基于 MMC 的直流变换器（MMC-DC/DC）。为了实现光伏阵列输出电压等级提升及最大功率跟踪，光伏直流升压单元采用了两级直流变换器拓扑结构：第一级为经典 Boost 变换器，通过控制该变换器开关器件的通断，实现光伏阵列输出电压的调节，以达到光伏最大功率跟踪的目的，与此同时，该电路还具备一定的升压功能，降低了对第二级直流变换器升压比的要求；第二级为基于 MMC 的直流变换器，通过一定的控制，实现直流电压的进一步提升。光伏阵列输出的电能经两级直流升压、汇集与传输后，由基于 MMC 的并网变换器（MMC-DC/AC）送入交流电网。

相比表 2-1 所述拓扑结构，图 2-4 中多个光伏直流升压单元在第二级直流变换器的输出侧进行汇集，一方面降低了对第二级直流变换器功率等级的要求，另一方面可以避免表 2-1 所述拓扑中唯一的第二级直流变换器停运导致场站全停的风险，提高了光伏电站直流升压汇集接入系统的运行可靠性。

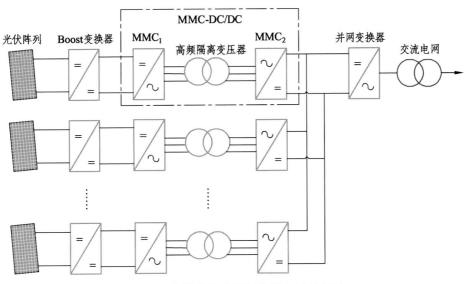

图 2-4　光伏直流升压汇集接入系统拓扑

下面分别对图 2-4 所示的光伏阵列、Boost 变换器、基于 MMC 的直流变换器（MMC-DC/DC）与并网变换器进行介绍。

## 2.3.1　光伏电池

光伏电池的建模比较成熟。如图 2-5 所示为光伏电池的等效电路，其中，$R_s$ 为串联电阻，由电极的导体电阻、电极与硅表面间的接触电阻等组成；$R_{sh}$ 为旁漏电阻，由硅片边缘的不清洁或内部的缺陷造成；$R_L$ 为光伏电池所带的负载，负载电压为 $U_L$，负载电流为 $I_L$。

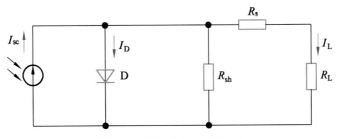

图 2-5　光伏电池等效电路

图 2-5 中，$I_{sc}$ 代表光子在光伏电池中激发出来的电流，其取值主要由电池板的面积、光照强度及温度 $T$ 决定。$I_{sc}$ 与光照强度成正比，受温度的影响较小，在温度升高时会有微小增幅。$I_D$ 为通过二极管的电流，其表达式如下：

$$I_{\mathrm{D}} = I_{\mathrm{D0}}\left(\mathrm{e}^{\frac{qE}{AKT}} - 1\right) \quad\quad (2\text{-}1)$$

式中　$q$——电子的电荷，$1.6\times10^{-19}$ C；

　　　$K$——玻尔兹曼常数，$1.38\times10^{-23}$ J/K；

　　　$A$——常数。

由式（2-1）可以知道，$I_{\mathrm{D}}$ 的大小与电池电动势 $E$ 和温度 $T$ 有关。

$I_{\mathrm{D0}}$ 是在无光照条件下光伏电池的电流饱和值，其表达式为：

$$I_{\mathrm{D0}} = AqN_{\mathrm{C}}N_{\mathrm{V}}\left[\frac{1}{N_{\mathrm{A}}}\left(\frac{D_{\mathrm{N}}}{\tau_{\mathrm{N}}}\right)^{\!1/2} + \frac{1}{N_{\mathrm{D}}}\left(\frac{D_{\mathrm{P}}}{\tau_{\mathrm{P}}}\right)^{\!1/2}\right]\mathrm{e}^{-\frac{E_{\mathrm{g}}}{KT}} \quad\quad (2\text{-}2)$$

式中　$A$——PN 结面积；

　　　$N_{\mathrm{C}}$、$N_{\mathrm{V}}$——导带、价带的有效态浓度；

　　　$N_{\mathrm{A}}$、$N_{\mathrm{D}}$——受主杂质、施主杂质的浓度；

　　　$D_{\mathrm{N}}$、$D_{\mathrm{P}}$——电子、空穴的扩散系数；

　　　$\tau_{\mathrm{N}}$、$\tau_{\mathrm{P}}$——电子、空穴的少子寿命；

　　　$E_{\mathrm{g}}$——半导体材料的带隙。

根据图 2-5，可以得到负载电流 $I_{\mathrm{L}}$ 为：

$$I_{\mathrm{L}} = I_{\mathrm{sc}} - I_{\mathrm{D0}}\left(\mathrm{e}^{\frac{q(U_{\mathrm{L}} + I_{\mathrm{L}}R_{\mathrm{s}})}{AKT}} - 1\right) - \frac{U_{\mathrm{L}} + I_{\mathrm{L}}R_{\mathrm{s}}}{R_{\mathrm{sh}}} \quad\quad (2\text{-}3)$$

一般来说，$R_{\mathrm{s}}$ 较小，$R_{\mathrm{sh}}$ 较大。在计算时忽略其影响可以得到光伏电池的理想数学模型表达式为：

$$I_{\mathrm{L}} = I_{\mathrm{sc}} - I_{\mathrm{D0}}\left(\mathrm{e}^{\frac{qU_{\mathrm{L}}}{AKT}} - 1\right) \qu\quad\quad (2\text{-}4)$$

由式（2-4）可得：

$$U_{\mathrm{L}} = \frac{AKT}{q}\ln\left(\frac{I_{\mathrm{sc}} - I_{\mathrm{L}}}{I_{\mathrm{D0}}} + 1\right) \quad\quad (2\text{-}5)$$

以上数学模型在工程中应用较少。工程中运用的光伏电池参数主要为以下 4 个：短路电流 $I_{\mathrm{sc}}$、开路电压 $V_{\mathrm{oc}}$、最大功率点电流 $I_{\mathrm{m}}$、最大功率点电压 $V_{\mathrm{m}}$。在式（2-3）的基础上，忽略 $R_{\mathrm{s}}$ 和 $R_{\mathrm{sh}}$ 的影响，即：

（1）忽略 $\dfrac{U_{\mathrm{L}} + I_{\mathrm{L}}R_{\mathrm{s}}}{R_{\mathrm{sh}}}$；

（2）$I_L = I_{SC}$（二极管导通电阻远大于 $R_s$）。

在这两个条件下建立光伏电池模型。光伏电池的 $I$-$V$ 方程可以简化成：

$$I = I_{sc}\left[1 - C_1\left(e^{\frac{V}{C_2 V_{oc}}} - 1\right)\right] \tag{2-6}$$

该式结构与式（2-3）相同，将不确定量用 $C_1$、$C_2$ 来代替，然后由厂家提供的参数作为边界条件来求解。

在最大功率点时，$V = V_m$，$I = I_m$，可得：

$$I_m = I_{sc}\left[1 - C_1\left(e^{\frac{V_m}{C_2 V_{oc}}} - 1\right)\right] \tag{2-7}$$

由于在常温条件下 $e^{\frac{V_m}{C_2 V_{oc}}} \gg 1$，可忽略式中的 "$-1$" 项，解出 $C_1$ 得：

$$C_1 = \left(1 - \frac{I_m}{I_{sc}}\right)e^{\frac{-V_m}{C_2 V_{oc}}} \tag{2-8}$$

在开路状态下，当 $I = 0$ 时，$V = V_{oc}$，并把式（2-8）代入式（2-6）得：

$$0 = I_{sc}\left[1 - \left(1 - \frac{I_m}{I_{sc}}\right)e^{\frac{-V_m}{C_2 V_{oc}}} \times \left(e^{\frac{1}{C_2}} - 1\right)\right] \tag{2-9}$$

通常情况下，$e^{\frac{1}{C_2}} \gg 1$，忽略式中的 "$-1$" 项，解出 $C_2$ 得：

$$C_2 = \left(\frac{V_m}{V_{oc}} - 1\right) \times [\ln(1 - I_m / I_{SC})]^{-1} \tag{2-10}$$

将式（2-10）代入式（2-8），即可得到 $C_1$。

因此，知道 $I_{sc}$、$V_{oc}$、$I_m$、$V_m$ 4 个参数后，就可以根据式（2-8）、式（2-10）解得 $C_1$ 和 $C_2$。

## 2.3.2　Boost 变换器

光伏发电的原理是光生伏特效应。光伏阵列的基本构成单元是光伏电池。单个光伏电池的输出电压较低，为了获得较高电压，需要将电池单元进行串联构成光伏组件。为了增加输出电流，需要将光伏组件进行并联得到光伏面板。如果需要更高的电压或电流，还需要将光伏面板进行串/并联得到光伏阵列。

光伏阵列输出受光照强度以及环境温度等外界因素的影响时，其输出功率是变化的。为了最大化光伏阵列的功率输出能力，光伏发电中一般采用 MPPT 控制调节光伏阵列的端电压，使其运行在最大功率输出状态。MPPT 控制一般通过直流变换器来完成，常用的一种直流变换器为 Boost 变换器，其拓扑及控制如图 2-6 所示。Boost 变换器主要由储能电感 $L$、储能电容 $C$、可控开关器件 T、二极管 D 组成。当 Boost 变换器的输出电压 $u_o$ 稳定时，控制开关器件 T 的通断即可调节输入电压 $u_i$。基于此，MPPT 控制器给出光伏阵列最优工作电压 $u_{ref}$，该电压与当前 Boost 变换器的输入电压 $u_i$ 比较后经 PI 调节器与调制环节产生控制开关器件 T 通断的 PWM 脉冲驱动信号，从而使光伏阵列端电压在最优工作电压处实现最大功率输出。已有很多文献论述 Boost 变换器的模型及其控制，这里不再展开介绍。

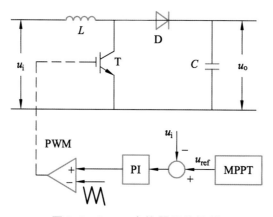

图 2-6　Boost 变换器及其控制

目前，光伏阵列的 MPPT 技术常用的有扰动观测法、电导增量法等。扰动观测法具有算法简洁、跟踪效率高的特点，在光伏阵列的最大功率点跟踪系统中得到广泛的应用，然而由于其采用固定的扰动步长，难以同时获得较高的响应速度和稳态跟踪精度。电导增量法具有较快速的动态特性，但在步长的选择上也存在跟踪速度和稳态精度的矛盾。

扰动观测法的核心思想是给光伏阵列一个电压扰动，检测扰动前后两个时刻光伏阵列输出功率的变化情况，进而调节光伏阵列端电压以达到最大功率输出的目的。为了最大化功率输出，在光伏阵列最大功率点左侧，$dP/dU > 0$，需要增大光伏阵列端电压；在最大功率点右侧，$dP/dU < 0$，需要减小光伏阵列端电压。上述流程如图 2-7 所示。扰动观测法被测参数少，算法简单，实现方便，对传感器精度要求不高，可以实现最大功率点的动态跟踪，但由于其不断地进行扰动，光伏阵列的工作点在最大功率

点附近不断变化，不能稳定工作在最大功率点上，这造成了一定的功率损失，从而降低了系统效率。

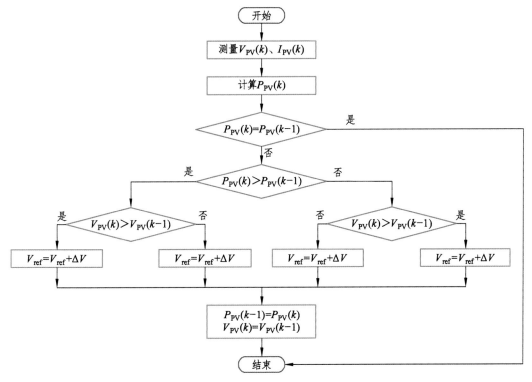

图 2-7　扰动观测法流程图

采用定步长的扰动观察法时，步长越小，光伏系统在最大功率点附近振荡的幅度越小，能量损失越小，但达到最大功率点需要扰动的次数就越多，所用的跟踪时间也越长；反之，当步长较大时跟踪速度快，但在最大功率点附近波动幅度大，能量损失也严重，因此光伏系统最大功率点跟踪的速度和稳态精度难以同时保证，只能根据实际需求折中选取扰动步长，以获得可接受的动态和稳态性能。

另一种常用的 MPPT 方法为电导增量法。由光伏电池的输出特性可知，输出功率对端电压的变化率在光伏最大功率点处为零，在其左侧为正、右侧为负，其表达式如下：

$$\begin{cases} \mathrm{d}P/\mathrm{d}V = 0 & \text{MPPT处} \\ \mathrm{d}P/\mathrm{d}V > 0 & \text{MPPT左侧} \\ \mathrm{d}P/\mathrm{d}V < 0 & \text{MPPT右侧} \end{cases} \quad (2\text{-}11)$$

通过数学推导可得：

$$\frac{\mathrm{d}P}{\mathrm{d}V} = \frac{\mathrm{d}(IV)}{\mathrm{d}V} = I + V\frac{\mathrm{d}I}{\mathrm{d}V} \cong I + V\frac{\Delta I}{\Delta V} \tag{2-12}$$

进而得到：

$$\begin{cases} \Delta I/\Delta V = -I/V & \text{MPPT处} \\ \Delta I/\Delta V > -I/V & \text{MPPT左侧} \\ \Delta I/\Delta V < -I/V & \text{MPPT右侧} \end{cases} \tag{2-13}$$

因此，以式（2-13）作为判断光伏阵列是否工作在最大功率点的依据，并对系统进行相应控制，则可以实现最大功率跟踪。相应的控制流程如图 2-8 所示。

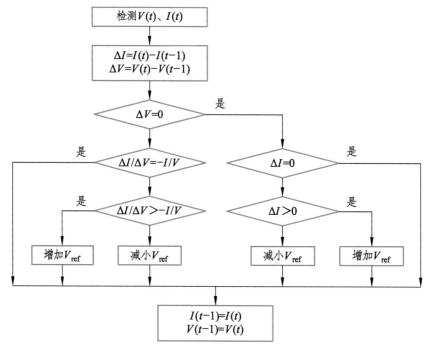

图 2-8　电导增量法流程图

电导增量法控制精度较高，响应速度较快，光伏阵列输出电压能够以较平稳的方式跟踪变化，适用于外部环境变化较快的场合，但其控制算法复杂，对控制系统的硬件要求较高，特别是对传感器的精度要求较高，因此系统成本也相对高一些。

### 2.3.3　MMC 变换器

模块化多电平换流器（MMC）具有输出谐波含量低、开关损耗小、便于扩容等优点，已在高压直流输电等领域得到广泛应用，其拓扑结构如图 2-9 所示。图中，$U_{DC}$ 为直流电压；$i_{DCP}$、$i_{DCN}$ 分别为正、负极直流电流；$i_{Pj}$、$i_{Nj}$（$j=a$，b，c）分别为上、下桥臂电流；$i_{kj}$（$j=a$，b，c）为三相电流；$u_{Pj}$、$u_{Nj}$（$j=a$，b，c）分别为上、下桥臂输出电压；$L$ 为桥臂电抗。

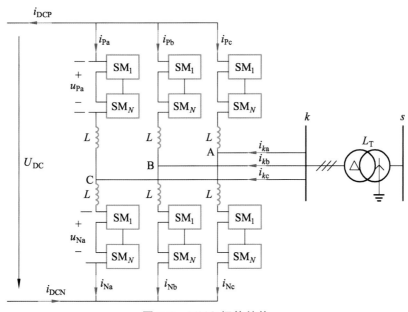

图 2-9　MMC 拓扑结构

MMC 子模块（Sub-Module，SM）类型众多，其中 3 种典型结构是：半桥子模块（Half Bridge Sub-Module，HBSM）、全桥子模块（Full Bridge Sub-Module，FBSM）和箝位双子模块（Clamp Double Sub-Module，CDSM）。考虑到成本，工程上使用较多的为半桥子模块。

MMC 的数学模型已有很多文献专门介绍，这里不再赘述。

如图 2-10 所示为包含环流抑制控制和典型双环控制的 MMC 控制原理图。MMC 的外环控制器可以根据功率控制或直流电压控制模式来确定相应的内环电流参考值。采用 $d$ 轴电网电压定向时，产生 $d$ 轴参考电流 $i_d^*$ 的外环控制变量包括：直流电压 $U_{DC}^*$ 和有功功率 $P^*$；产生 $q$ 轴参考电流 $i_q^*$ 的外环控制变量包括：交流电压幅值 $V$ 和无功功率 $Q^*$。这两类变量可以根据应用场合的不同而自由组合。

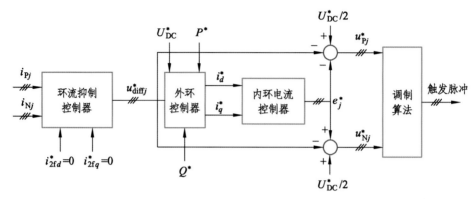

图 2-10  MMC 控制原理框图

外环控制器产生内环电流控制器的电流参考值 $i_d^*$、$i_q^*$，内环电流控制器产生内部电动势参考值 $e_j^*$（$j$ = a，b，c），环流抑制控制器基于环流指令值 $i_{2fd}^*$、$i_{2fq}^*$ 产生附加控制信号 $u_{diffj}^*$，结合 MMC 直流侧电压参考值 $U_{DC}^*$，可以得到上、下桥臂的参考电压 $u_{Pj}^*$ 和 $u_{Nj}^*$，如式（2-14）所示。最后通过最近电平逼近调制等调制方法得到需要开通与关断的子模块，进而生成相应的触发脉冲，控制各个子模块开关器件的通断。

$$u_{Pj}^* = \frac{U_{DC}^*}{2} - e_j^* - u_{diffj}^*$$
$$u_{Nj}^* = \frac{U_{DC}^*}{2} + e_j^* - u_{diffj}^*$$

（2-14）

上述几种外环控制器的典型控制框图如图 2-11 所示。图中控制器基于比例积分（PI）控制，通过对输出电流参考值进行限幅，可以防止因桥臂电流过大而造成的开关器件过电流损坏。

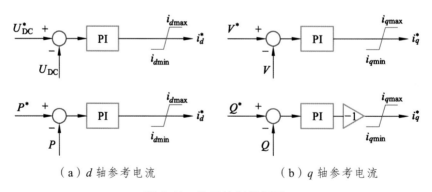

（a）$d$ 轴参考电流　　　　　　　　　　（b）$q$ 轴参考电流

图 2-11  外环控制器框图

基于矢量定向与解耦控制策略，图 2-12、图 2-13 分别给出了图 2-10 中内环电流控制器与环流抑制控制器的典型控制框图。

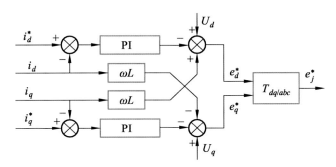

图 2-12　内环电流控制器框图

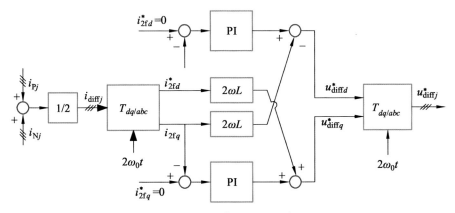

图 2-13　环流抑制控制器框图

经过上述控制环节，得到了 MMC 各相上、下桥臂电压参考值 $u_{\mathrm{P}j}^*$ 和 $u_{\mathrm{N}j}^*$（$j=\mathrm{a}$，b，c），进而通过调制环节得到 MMC 各个子模块的投入或切除状态。MMC 的调制方法可以分为多重化载波 PWM 调制和排序选择调制。多重化载波可以采用不同的组合配置方式，如载波重叠配置（Phase-Disposition PWM，PD-PWM）和载波移相配置（Phase-Shift PWM，PS-PWM）。排序选择调制包括最近电平逼近调制（Nearest Level Modulation，NLM）、指定谐波消去调制（Selective Harmonic Elimination，SHE）等。

NLM 实现方式简单，开关频率低，器件损耗小，故得到了广泛应用。当 MMC 子模块数非常多时，通常采用这种调制方法。NLM 的基本原理是通过投入一定数目的子模块，得到尽可能逼近正弦波的阶梯波，如图 2-14 所示。MMC 输出电压与调制波电压之差理论上可以控制在子模块电容电压值的一半以内。

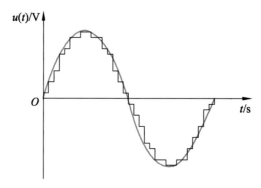

图 2-14　最近电平逼近原理示意图

假设上、下桥臂调制波的瞬时值为 $u_{\mathrm{P}j}^{*}$ 和 $u_{\mathrm{N}j}^{*}(t)$ ，子模块电容电压的平均值为 $U_C$ ，则在每个计算时刻，上、下桥臂应该投入的子模块数为：

$$
\begin{cases}
n_{\mathrm{up}} = \mathrm{round}\left(\dfrac{u_{\mathrm{P}j}^{*}(t)}{U_C}\right) \\[3mm]
n_{\mathrm{down}} = \mathrm{round}\left(\dfrac{u_{\mathrm{N}j}^{*}(t)}{U_C}\right)
\end{cases}
\tag{2-15}
$$

式中，$\mathrm{round}(x)$ 表示取与 $x$ 最接近的整数。

## 2.3.4　基于 MMC 的直流升压变换器

### 2.3.4.1　MMC-DC/DC 拓扑结构

目前已有很多新能源场站采用高压直流输电及多端直流输电系统向电网传输电能。随着新能源场站容量越来越大、输电距离越来越远，采用直流输变电技术成为发展趋势。其中，大容量高变比 DC/DC 变换器是实现直流电压等级变换的重要设备之一。

MMC 在以直流输电为代表的直流系统中获得了成功的商业化推广应用。针对光伏电站直流升压汇集接入系统中对直流电压等级变换的需求，图 2-15 给出了一种基于 MMC 的直流变换器（MMC-DC/DC）拓扑结构。该直流变换器采用直流-交流-直流变换技术，其技术要点为通过合适的高频隔离变压器与控制策略将 2.3.3 节介绍的两个 MMC 变换器有机组合起来。具体来说，根据两端所连接直流系统的电压等级配置两个额定电压与之对应的 MMC 变换器。运行时，两个 MMC 变换器根据各自的控制策略投入/切出子模块，即可实现两侧高低电压等级的变换。两个 MMC 变换器的直流侧分别与两个直流系统相连接，两个变换器的交流输出通过高频隔离变压器连接在一起。任一侧直流系统发生故障时，通过闭锁 MMC 的触发脉冲即可隔离直流故障。

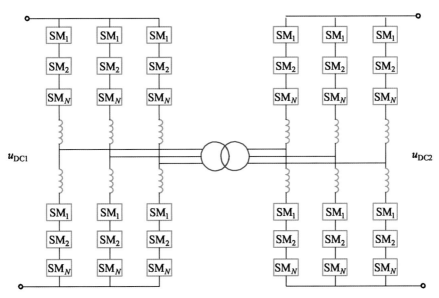

图 2-15　MMC-DC/DC 变换器

## 2.3.4.2　MMC-DC/DC 控制策略

MMC-DC/DC 的控制策略包括设备级策略、阀控级策略。设备级策略包括前述的 MMC 外环功率控制、内环电流控制，该级控制根据功率、电压或频率整定值得到阀控所需的调制信号指令值；阀控级策略根据设备级控制给出的调制信号指令值，采用 2.3.3 节中介绍的控制方法产生对应的开关触发脉冲信号，实现指令值的跟踪及 MMC 子模块电容电压均衡等功能。

图 2-16 所示为 MMC-DC/DC 的设备级控制策略示意图。MMC-DC/DC 的低压侧变换器 $MMC_1$ 采用外环直流电压控制与无功功率控制，从而维持低压侧直流电压稳定，并且尽可能减小与交流侧的无功功率交换，具体控制已在 2.3.3 节介绍过，此处不再重复。MMC-DC/DC 的高压侧 $MMC_2$ 采用外环交流频率及交流电压控制，从而为 $MMC_1$ 提供稳定的交流电压。

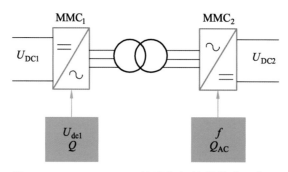

图 2-16　MMC-DC/DC 的设备级控制策略示意图

MMC$_2$ 的外环控制框图如图 2-17 所示。该外环控制基于频率参考值 $f^*$ 与三相电压参考值 $u_{abc}^*$，在 $dq$ 旋转坐标系下对三相电压进行闭环控制，产生内环电流参考值，后续再通过如图 2-12 ～ 图 2-14 所示环节得到 MMC 子模块投切状态，实现稳定 MMC-DC/DC 交流侧频率与电压的功能。

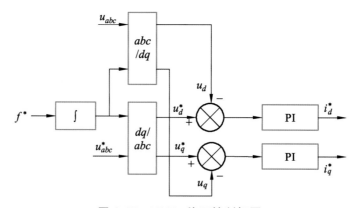

图 2-17　MMC$_2$ 外环控制框图

## 2.3.5　基于 MMC 的并网变换器

并网变换器的功能是将光伏阵列产生并由直流升压汇集系统输送过来的直流电变换为交流电并送入交流电网。该并网变换器采用 2.3.3 节中介绍的 MMC 变换器，具体控制策略如图 2-18 所示。

并网变换器的外环控制采用直流电压控制与无功功率/交流电压控制，内环控制、调制等环节与图 2-12 ～ 图 2-14 相同。外环直流电压控制可以稳定汇集系统直流电压，为 MMC-DC/DC 提供良好的工作条件。外环无功功率/交流电压控制可调节与电网交换的无功功率或接入点的交流电压，并可根据实际并网要求进行选择。

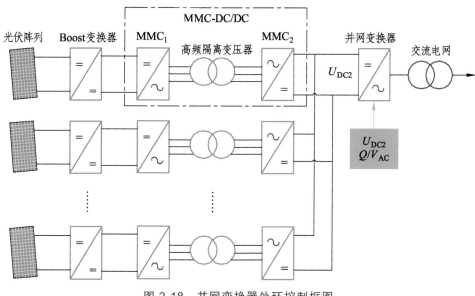

图 2-18　并网变换器外环控制框图

## 2.4　本章小结

本章对比分析了传统交流升压汇集接入系统与直流升压汇集接入系统的结构及其特点。在此基础上，对光伏直流变换器与汇集接入系统拓扑进行了分析并提出了一种系统拓扑，对该系统中的光伏阵列、Boost 变换器、基于 MMC 的直流变换器（MMC-DC/DC）、基于 MMC 的并网变换器分别进行了介绍，为后续研究建立了模型基础。

# 第 3 章

# 光伏电站直流升压汇集接入系统故障分析

## 3.1　MMC 故障过程分析

由于 MMC 是光伏电站直流升压汇集接入系统的重要组成单元，故对 MMC 的故障特性进行分析是掌握系统故障特性的基础。本节对工程中广泛使用的基于半桥子模块的 MMC 交直流故障进行分析。

### 3.1.1　MMC 直流侧故障分析

#### 3.1.1.1　双极短路故障

直流侧双极短路故障是 MMC 最为严重的故障之一，其故障过程分为 2 个阶段。第 1 阶段如图 3-1（a）所示，为 MMC 闭锁前直流电容放电阶段，每相桥臂子模块电

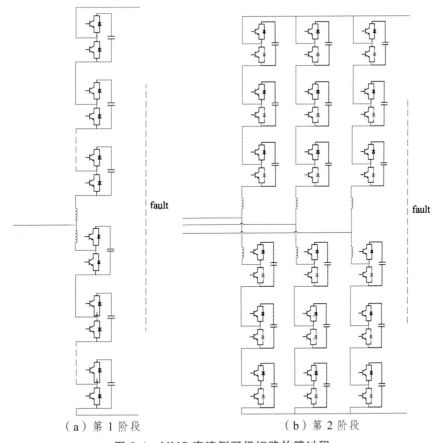

（a）第 1 阶段　　　　　　　　（b）第 2 阶段

图 3-1　MMC 直流侧双极短路故障过程

容串联后与故障点构成放电回路；第 2 阶段如图 3-1（b）所示，为 MMC 闭锁后，交流侧经桥臂电抗与反并联二极管（续流二极管）经过直流侧故障点构成放电回路。

对于子模块电容串联后放电的第 1 阶段，可以简化为如图 3-2（a）所示的 RLC 等效电路。其中，$n$ 为 MMC 一相上桥臂或下桥臂的子模块数量，$R_1$ 为线路电阻，$L_1$ 为线路电感，$R_f$ 为直流线路故障，$L$ 为桥臂电感，$C$ 为模块电容；每一时刻，每相桥臂共有 $n$ 个子模块投入运行。根据此等效电路，可得每相桥臂的电容电压，如式（3-1）所示：

$$\frac{\mathrm{d}^2 u_C}{\mathrm{d}t^2} + \frac{2R_1 + R_f}{2L_1 + 2L} \frac{\mathrm{d}u_C}{\mathrm{d}t} + \frac{n}{(2L + 2L_1)C} u_C = 0 \qquad (3\text{-}1)$$

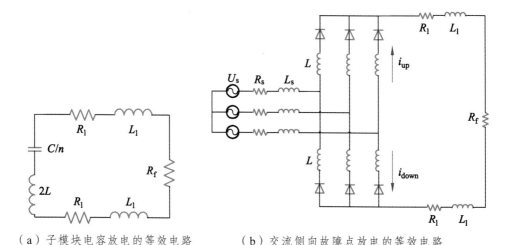

（a）子模块电容放电的等效电路　　　（b）交流侧向故障点放电的等效电路

图 3-2　MMC 直流侧双极故障等效电路

通常，MMC 子模块闭锁前的电容放电过程是二阶欠阻尼振荡衰减过程，电容电压的计算公式为：

$$u_C(t) = \mathrm{e}^{-t/\tau_1} \left[ \frac{U_0 \omega_0}{\omega_f} \sin(\omega_f t + \alpha) + \frac{n I_0}{2\omega_f C} \sin(\omega_f t) \right] \qquad (3\text{-}2)$$

式中，$U_0$、$I_0$、$\omega_0$ 为系统额定运行时的直流电压、直流电流和交流侧额定频率，其余参数如下：

$$\tau_1 = \frac{2(2L + 2L_1)}{2R_1 + R_f}, \quad \omega_0 = \sqrt{\frac{n}{(2L + 2L_1)C}}, \quad \omega_f = \sqrt{\omega_0^2 - \frac{1}{\tau_1^2}}, \quad \alpha = \arctan\left[\sqrt{\frac{n(2L + 2L_1)}{C(2R_1 + R_f)} - 1}\right]$$

根据式（3-2），推导可得此回路的电流计算公式为：

$$i_1(t) = \mathrm{e}^{-t/\tau_0}\sqrt{\frac{C}{n(2L+2L_1)}U_0^2 + I_0^2}\ \sin(\omega_t t + \beta) \qquad (3\text{-}3)$$

式中，　$\beta = \arctan\{I_0 / [U_0\sqrt{n(2L+2L_1)/C}]\}$。

闭锁前的故障回路电流受多项参数影响，当 MMC 容量一定时，如果直流电容电压不变，故障后电流峰值随着子模块电容值的增加而增大，桥臂电流峰值随着桥臂电抗值的增大而减小。

当 MMC 闭锁后，进入交流侧经续流二极管流向故障点放电的第 2 阶段，等效电路如图 3-2（b）所示。不考虑二极管的非线性特性，当续流二极管初始电流没有衰减至 0 时，设交流系统电压为 $u_s = \sqrt{2}U_s\sin(\omega_s t)$，$\omega_s$ 为交流系统角频率。第 2 阶段起始时刻（即 MMC 闭锁时）的上、下桥臂电流 $i_{2u}$、$i_{2d}$ 分别为：

$$\begin{cases} i_{2u}(t) = -\sqrt{2}U_s/(2|Z|)\cos(\omega_s t + \gamma) + I_1\mathrm{e}^{-t/\tau_2} \\ i_{2d}(t) = \sqrt{2}U_s/(2|Z|)\cos(\omega_s t + \gamma) + I_1\mathrm{e}^{-t/\tau_2} \end{cases} \qquad (3\text{-}4)$$

式中　$\tau_2 = \dfrac{2L+2L_1}{2R_1+R_f}$，$|Z| = \left\{\left(R_s + \dfrac{2R_1+R_f}{4}\right)^2 + \left[\omega_s\left(L_s + \dfrac{2L+2L_1}{4}\right)\right]^2\right\}^{1/2}$，

$$\gamma = -\arctan\frac{\omega_s(4L_s+2L+2L_1)}{2R_1+R_f}$$

当续流二极管电流衰减到 0 后，系统变为三相不控整流电路，上、下桥臂电流 $i_{3u}$、$i_{3d}$ 的表达式为：

$$\begin{cases} i_{3u}(t) = -\sqrt{2}U_s/(2|Z|)\cos(\omega_s t + \gamma) \\ i_{3d}(t) = \sqrt{2}U_s/(2|Z|)\cos(\omega_s t + \gamma) \end{cases} \qquad (3\text{-}5)$$

### 3.1.1.2　单极接地故障

如图 3-3 所示，由于变压器阀侧绕组一般采用三角形接线，当直流正极母线接地时，不能与换流站交流侧构成电路回路，因此理论上不会出现接地电流，此时正极母线对地电压为零，负极母线对地电压加倍，正、负极直流母线电压差保持不变。

3.1.1.1 节讨论双极短路故障时，忽略了线路对地电容，原因是线路对地电容的放电电流在故障电流中的占比很小，可忽略不计。在单极短路故障时，根据实际情形，考虑图 3-3 中标注的两个放电回路：① 线路对地电容效应，当直流母线发生接地故障时，对地电容将通过接地点构成放电回路，直流侧会出现接地电流；② 当续流二极管存在电流时，交流侧可向对地点注入电流。

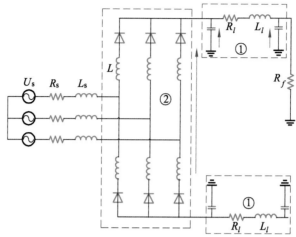

图 3-3  MMC 直流侧单极故障等效电路图

若 MMC 直流输电系统采用交流侧星形电抗经电阻接地方式，当直流正极母线接地时，存在与换流站交流侧构成电路回路而出现接地电流，此时正极母线对地电压为零，负极母线对地电压加倍，正、负极直流母线电压差保持不变。由于系统交流侧接地，各端上桥臂电容通过故障接地点与交流侧接地点形成电容放电通路，放电回路如图 3-4 所示。

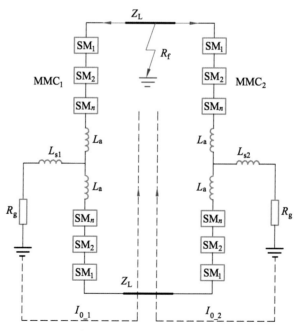

图 3-4  双端 MMC 直流输电系统直流侧单极故障时电容放电通路

双端 MMC 流过接地电阻的放电电流分别为 $I_{0\_1}$、$I_{0\_2}$，故障点的故障电流为 $I_{\text{fault}}$，故障点的接地电阻为 $R_{\text{f}}$，交流侧系统的接地电阻为 $R_{\text{g}}$。正、负极直流母线对地电压 $U_{\text{DC\_P}}$、$U_{\text{DC\_N}}$ 分别为：

$$\begin{cases} U_{\text{DC\_P}} = -(I_{0\_1} + I_{0\_2})R_{\text{f}} \\ U_{\text{DC\_N}} = -(I_{0\_1} + I_{0\_2})R_{\text{f}} - U_{\text{DC}} \end{cases} \tag{3-6}$$

故障电流 $I_{\text{fault}}$ 为：

$$I_{\text{fault}} = I_{0\_1} + I_{0\_2} \tag{3-7}$$

如图 3-5 所示为正极接地故障后 MMC 闭锁前的单端单相等效电路。

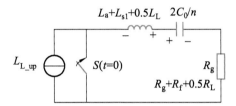

图 3-5　直流侧单极故障时单端单相等效电路

图 3-5 中，$R_{\text{L}}$、$L_{\text{L}}$、$L_{\text{a}}$、$C_0$ 分为直流母线等值电阻、直流母线等值电感、桥臂电感、子模块电容。故障瞬间直流电压 $U_{\text{DC}}$ 和上桥臂电感电流 $I_{\text{L\_up}}$ 均不为 0，MMC 闭锁前的暂态过程是一个已知电路初始条件的非振荡放电过程。

初始条件为：

$$\begin{cases} U_{\text{c}}(0_+) = U_{\text{c}}(0_-) = U_{\text{DC}}/2 \\ I(0_+) = I(0_-) = I_{\text{L\_up}} \end{cases} \tag{3-8}$$

故障电流的计算公式为：

$$I_{0\_1} = \frac{nI_{\text{L\_up}}(p_1 e^{p_1 t} - p_2 e^{p_2 t}) + C_0 p_1 p_2 U_{\text{DC}}(e^{p_1 t} - e^{p_2 t})}{n(p_1 - p_2)} \tag{3-9}$$

式中，$\delta = \dfrac{R_{\text{g}} + R_{\text{f}} + 0.5R_{\text{L}}}{2(L_{\text{a}} + L_{\text{s1}} + 0.5L_{\text{L}})}$，$\varepsilon = \dfrac{n}{2C_0(L_{\text{a}} + L_{\text{s1}} + 0.5L_{\text{L}})}$，$p_1 = -\delta + \sqrt{\delta^2 - \varepsilon}$，$p_2 = -\delta - \sqrt{\delta^2 - \varepsilon}$。

故障电流达到峰值的时刻 $t_{\text{m}}$ 为：

$$t_\mathrm{m} = \frac{\ln(nI_\mathrm{L\_up} + p_1 C_0 U_\mathrm{DC})}{2\sqrt{\delta^2 - \varepsilon}} - \frac{\ln(nI_\mathrm{L\_up} + p_2 C_0 U_\mathrm{DC}) + 2\ln(p_2 / p_1)}{2\sqrt{\delta^2 - \varepsilon}} \tag{3-10}$$

正极接地故障后、MMC 闭锁前，上桥臂子模块电容放电使得上桥臂电流增大，上桥臂子模块电容电压下降，在控制系统的作用下交流电流逐渐升高，因此并联侧出口电流幅值也有所增大。负极接地故障的分析与上述正极接地故障的分析类似。

### 3.1.1.3　仿真验证

#### 1. 双极短路故障仿真

图 3-6 给出了 MMC 直流侧双极故障仿真结果。$t = 0.25$ s 时发生极间故障，如图 3-6（a）所示，直流侧极间电压快速跌落。与此同时，MMC 子模块电容迅速放电，如图 3-6（b）所示，直流电流迅速增大。由于过流保护的作用，MMC 会在检测到过流后快速闭锁，使得第 1 阶段电容放电时间较短。

子模块闭锁后，双极短路故障进入第 2 阶段。由于桥臂电感的存在，续流二极管中的电流不能立刻衰减为零，桥臂与故障点之间形成回路。如图 3-6 所示，在 0.26～0.27 s，正极电流会有所下降。随后当续流二极管中电流下降到 0 后，交流侧通过续流二极管、桥臂电感与故障点之间形成三相不控整流电路，持续向故障点注入短路电流并趋于稳定。

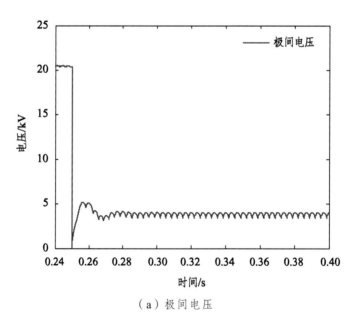

（a）极间电压

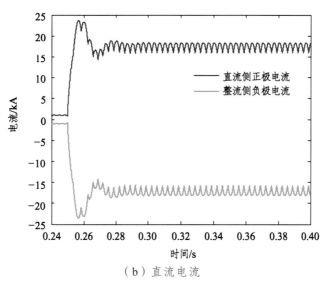

（b）直流电流

图 3-6　MMC 直流侧双极故障仿真结果

## 2. 单极接地故障仿真

图 3-7 给出了 MMC 直流侧单极故障仿真结果。$t = 0.25$ s 时正极线路发生单极接地故障，由于 MMC 阀侧为三角形连接方式，故 MMC 不会与交流侧电网形成放电回路，正极电压跌落为 0。由于 MMC 换流站中子模块电容的存在，极间电压保持不变，负极电压变为原来的 2 倍。由于实际中线路的对地电容会与故障点之间形成回路，仿真中考虑了线路对地电容效应，在正极接地故障后，直流侧电流会有一个暂态变化过程，如图 3-7 所示。

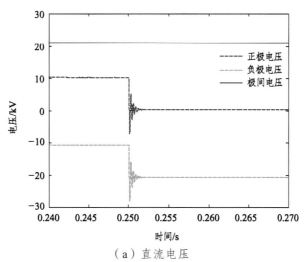

（a）直流电压

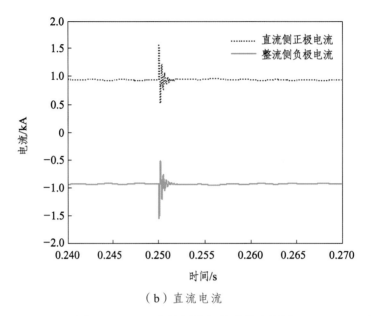

（b）直流电流

图 3-7　MMC 直流侧单极故障仿真结果

## 3.1.2　MMC 交流侧故障分析

图 3-8 给出了本书 2.3 节中图 2-4 所示的某一直流升压单元经直流输电后逆变接入交流电网的示意图，考虑故障发生在 MMC 并网变换器的交流侧，即图 3-8 中 $f_2$。图中，$i_{Kp}$ 和 $i_{Mp}$ 为流过两端换流站正极线路保护安装处的电流；$i_{Kn}$ 和 $i_{Mn}$ 为流过两端换流站负极线路保护安装处的电流；$u_{Kp}$ 和 $u_{Mp}$ 为两端换流站正极线路保护安装处的电压；$u_{Kn}$ 和 $u_{Mn}$ 为两端换流站负极线路保护安装处的电压；$u_K$ 为极间电压。上述电压和电流的参考方向如图 3-8 中箭头所示。

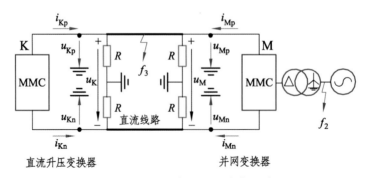

图 3-8　MMC 直流升压输电系统

### 3.1.2.1　交流侧故障

光伏直流升压汇集接入系统的交流侧故障包括对称故障和不对称故障两大类。在交流侧对称故障下，光伏直流升压汇集接入系统的交流侧电压和交、直流系统间功率交换在故障期间大幅下降，直流线路电压和直流线路电流随之波动。在交流侧不对称故障下，光伏直流升压汇集接入系统的交流侧三相电压和三相电流不平衡，正负序电压和正负序电流相互耦合造成交、直流系统间功率交换发生二倍频波动，直流线路电压和直流线路电流随之出现波动。

光伏直流升压汇集接入系统的交流侧发生故障时，直流线路在交流侧故障暂态过程中产生的分布电容电流和电压降可以大致忽略不计，并且，对于直流升压汇集接入系统之外的故障，图 3-8 中直流升压变换器与并网变换器两端的电气量变化趋势大致相同。由此可知，光伏直流升压汇集接入系统在交流侧故障时，两端直流线路保护安装处的电流大致相等，直流升压变换器侧直流线路保护安装处的电压幅值因线路压降的原因，虽大于并网变换器侧直流线路保护安装处的电压幅值，但二者大致相等，因而有：

$$\begin{cases} i_{\mathrm{Kp}} \approx i_{\mathrm{Mn}} \approx -i_{\mathrm{Kn}} \approx -i_{\mathrm{Mp}} \\ u_{\mathrm{Kp}} \approx u_{\mathrm{Mp}} \approx -u_{\mathrm{Kn}} \approx -u_{\mathrm{Mn}} \end{cases} \tag{3-11}$$

### 3.1.2.2　仿真验证

以交流侧单相接地故障为例对上述分析进行验证。故障时刻为 $t = 0.1 \text{ s}$，故障持续时间为 0.06 s，图 3-9 详细给出了并网变换器换流变压器网侧（即图 3-8 中 $f_2$ 处）发生单相金属性接地故障时的仿真结果。由图 3-9 可知，交流侧发生故障后，两端直流线路电压与直流线路电流有所波动，但幅值大小近似相等，与式（3-11）所示结果基本一致。

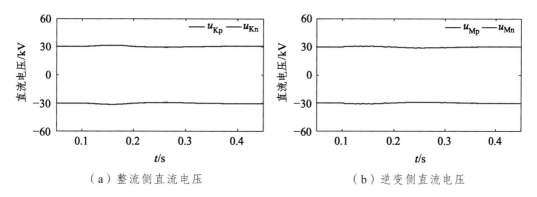

（a）整流侧直流电压　　　　　　　　（b）逆变侧直流电压

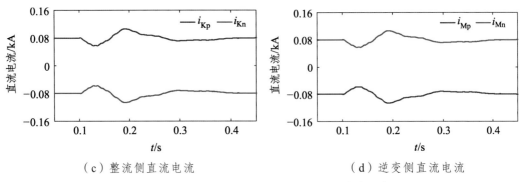

（c）整流侧直流电流　　　　　　　　　（d）逆变侧直流电流

图 3-9　逆变站交流侧单相金属性接地故障仿真

## 3.2　系统接地方式分析

先前分析中，光伏直流升压汇集接入系统采用了如图 3-8 所示的接地方式。接地方式对直流升压汇集接入系统的暂稳态特性具有重要影响。接地方式与接地系统设计不合理，不仅会影响就地换流站，还会通过相连回路传递并影响到其他互联换流站。

根据图 2-4 所示光伏电站直流升压汇集接入系统拓扑，有两种接地方案：① 交流侧接地方式；② 直流侧接地方式。接地方式的合理选择，对抑制零序入地电流、提高滤波器效率、提升稳态及故障暂态稳定性、改善故障恢复特性具有重要意义。

### 3.2.1　光伏电站直流升压汇集接入系统结构

为便于介绍，再次给出光伏电站直流升压汇集系统拓扑结构，如图 3-10 所示。

为降低直流线路对地绝缘水平，需选择合理的接地点将直流线路构造成正负极性对称的线路。理论上，直流汇集接入系统的接地方式包括两种基本形式：一是采用交流侧的接地方式，二是采用直流侧的接地方式。结合直流升压汇集接入系统拓扑结构，可选择的接地点主要包括高频变压器、双端直流输电单元中性点、滤波器以及升压隔离变压器。接地方式的选择主要是为系统提供参考电位，是决定主接线、保护配置、保护策略等内容的重要基础。

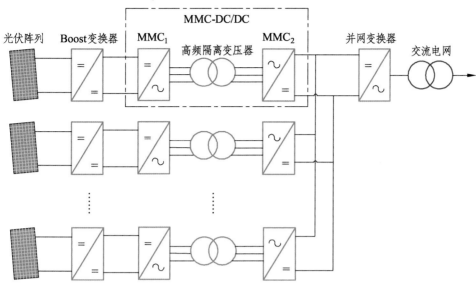

图 3-10　光伏电站直流升压汇集系统拓扑结构

## 3.2.2　直流升压汇集接入系统接地方式分析

### 3.2.2.1　MMC-DC/DC 变换器接地

图 3-10 中基于 MMC 的隔离型 DC/DC 变换器（MMC-DC/DC）采用直流-交流-直流变换技术，其拓扑结构如图 3-11 所示。MMC-DC/DC 变换器通过隔离变压器实现电压等级变换，与传统直流侧"背靠背"应用工作频率较低的情况不同，MMC-DC/DC换流端的工作基波频率设定为几百到几千赫兹的中高频段，因而可有效减小隔离变压器 $T_r$ 的体积和重量。隔离变压器一方面要减少直流分量在 MMC-DC/DC 两侧耦合，还应避免零序分量在两侧传递。因此，$T_r$ 可采用 YY 接线或者 Yd 接线。除隔离变压器 Y侧具备接地能力外，高压直流侧可选择经支撑电容或经电阻接地。

### 3.2.2.2　MMC-DC/AC 变换器接地

光伏电站经 MMC-DC/AC 变换器并入电网，为抑制直流升压汇集接入系统的谐波并实现接入系统与大电网之间的隔离，通常在 MMC-DC/AC 变换器出口处连接隔离变压器，如图 3-12 所示。

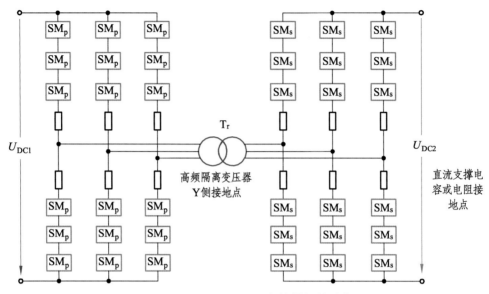

图 3-11　MMC-DC/DC 变换器拓扑结构

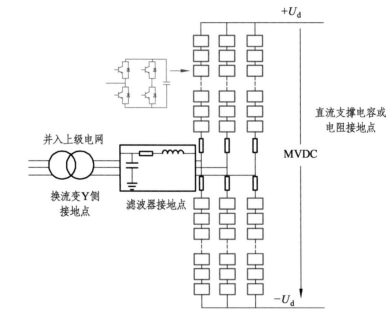

图 3-12　MMC-DC/AC 变换器

MMC-DC/AC 变换器的接地选择主要包括 3 种，分别为直流侧接地、滤波器接地以及并网隔离变压器接地，具体有以下 3 种接地方案：

（1）采用两个高阻并联至正负极线路，构成正负极分别经高阻接地。

（2）采用星形电抗器构成一个中性点，然后将此中性点经接地电阻接地。

（3）对于 Dy 接线的并网隔离变压器，可采用经电阻接地的方式。

### 3.2.2.3　接地方式分析

图 3-13 给出了直流升压汇集接入系统的各种接地方式。图 3-13（a）采用了高频变压器与换流变中性点接地方式，该方式需要换流变压器采用 Dy0 或者 Yy0 连接方式，附加设备少，结构简单。但这种接地方式存在弊端：因为一般要求交流电网侧故障时的零序电流不能传递到变换器侧，因此换流变压器必须隔断电网侧与变换器侧之间的零序电流通路，采用 Yd 连接换流变压器是一种更为合理的选择。此外，由于大型光伏电站通常接入 110 kV 及以上电网。按我国标准，110 kV 及以上电网为直接接地系统，因此，对于 Yd 连接的换流变压器，星形连接绕组须放在电网侧，其中性点接地。若换成 Yy 连接的换流变压器，情况也相同，阀侧绕组中性点不能接地，否则零序电流通路就不能隔断。

除换流变压器外，交流侧还可通过滤波器接地和附加星形电抗器接地的方式来为系统提供参考电位点，如图 3-13（b）与图 3-13（c）所示。星形电抗器经电阻接地时，利用星形电抗和接地电阻分别限制故障电流上升速率与故障电流稳态值，根据直流电压等级，接地电阻的阻值可在几百欧至上千欧之间。星形电抗要消耗大量的无功功率，当电抗值过小时要消耗大量无功功率，当电抗值过大时又存在装配困难的问题，该方式对换流站的正常运行范围也存在影响。

除交流侧接地外，还可通过直流侧接地，主要包括两种方式：一是直流侧分裂电容引出接地，如图 3-13（d）所示；二是直流侧经箝位电阻接地，如图 3-13（e）所示。直流侧分裂电容接地的方式参考柔性直流系统，考虑到 MMC 中有大量分布式悬浮电容，直流侧可以省略集中布置的电容而利用箝位电阻接地来实现。但该接地方式与电阻参数选取有关，当电阻过小时稳态运行损耗较大，影响系统的综合效益；当电阻过大时整个系统近似不接地，无法实现为换流站提供参考电位的功能。

综合分析上述不同接地方式的特点，考虑高频变压器与换流变压器的连接方式，光伏直流升压汇集接入系统可采用两种接地方式：

（1）直流侧接地方式：采用直流侧经电阻接地。

（2）交流侧接地方式：MMC-DC/DC 变换器经高频变压器接地，经交流侧滤波器接地。

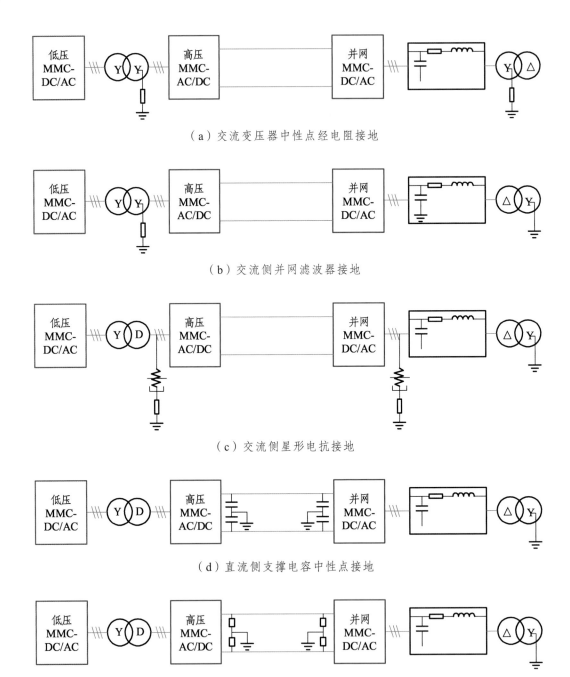

（a）交流变压器中性点经电阻接地

（b）交流侧并网滤波器接地

（c）交流侧星形电抗接地

（d）直流侧支撑电容中性点接地

（e）直流侧电压支撑电阻中性点接地

图 3-13　直流升压汇集系统接地方式

## 3.3　典型直流故障特性分析

### 3.3.1　直流侧接地方式下的故障特性

光伏电站直流线路故障时直流线路电气量的变化特性复杂。图 3-14 给出了光伏直流升压汇集接入系统中基于 MMC 的直流输电部分，该部分采用了经电阻接地。图 3-14 中，$i_{Kp}$ 和 $i_{Mp}$ 为流过两端换流站正极线路保护安装处的电流；$i_{Kn}$ 和 $i_{Mn}$ 为流过两端换流站负极线路保护安装处的电流；$u_{Kp}$ 和 $u_{Mp}$ 为两端换流站正极线路保护安装处的电压；$u_{Kn}$ 和 $u_{Mn}$ 为两端换流站负极线路保护安装处的电压；$u_K$ 为直流极间电压；电压和电流参考方向如图 3-14 中箭头所示。

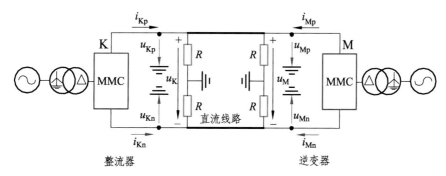

图 3-14　基于 MMC 的直流输电系统原理图

#### 3.3.1.1　单极接地故障

采用直流侧接地方式的光伏直流升压汇集系统，其直流侧使用箝位大电阻构造接地点。为避免因箝位电阻产生较大的运行损耗，箝位电阻一般取较大阻值。如图 3-15 所示，由于直流侧箝位大电阻的存在，光伏直流升压汇集系统单极接地故障时理论上仅导致直流系统零电位点发生转移。

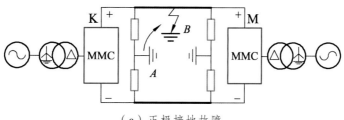

（a）正极接地故障

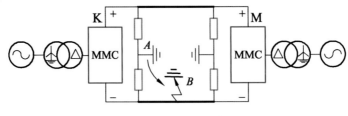

（b）负极接地故障

图 3-15　单极接地故障机理

对于单极接地故障且不考虑 MMC 闭锁，MMC 各个相单元在故障前和故障后每一时刻都有 $n$ 个子模块电容器被投入，同时考虑到子模块电容电压在故障初期基本维持不变，串联在一起的 $n$ 个子模块电容器可以被等效为一直流恒压源。直流侧在光伏直流升压汇集系统正常稳态运行时的等效电路见图 3-16（a）；在单极接地故障时应用叠加定理，可得到如图 3-16（b）所示的故障叠加网络。图中，$U_f$ 为故障前故障点的稳态电压；$R_f$ 为故障处的过渡电阻；$L_e$ 为变换器等效电感。

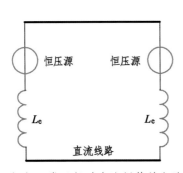

（a）正常运行时直流侧等效电路

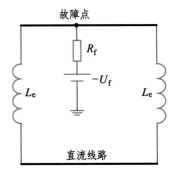

（b）单极接地故障时直流侧故障叠加网络

图 3-16　直流侧等效网络

如图 3-16（b）所示，单极接地故障下直流侧故障叠加网络在不考虑直流线路分布电容时不存在对地电路回路，且由直流线路和变换器等效电感构成的回路不存在电源，故叠加网络中各支路都无电流流过，变换器等效电感亦无叠加电压。由此可得：正极接地故障时两端换流站正极线路保护安装处的电压降至零，负极线路保护安装处的电压上升一倍，流过两端换流站直流线路保护安装处的电流无变化，即式（3-12）所示；负极接地故障时两端换流站负极线路保护安装处的电压降至零，正极线路保护安装处的电压上升一倍，流过两端换流站直流线路保护安装处的电流无变化，如式（3-13）所示。

$$\begin{cases} i_{\text{Kp}} = i_{\text{Mn}} = I_{\text{DC}} \\ i_{\text{Kn}} = i_{\text{Mp}} = -I_{\text{DC}} \\ u_{\text{Kp}} = u_{\text{Mp}} = 0 \\ u_{\text{Kn}} = u_{\text{Mn}} = -U_{\text{DC}} \end{cases}$$ （3-12）

$$\begin{cases} i_{\text{Kp}} = i_{\text{Mn}} = I_{\text{DC}} \\ i_{\text{Kn}} = i_{\text{Mp}} = -I_{\text{DC}} \\ u_{\text{Kp}} = u_{\text{Mp}} = U_{\text{DC}} \\ u_{\text{Kn}} = u_{\text{Mn}} = 0 \end{cases}$$ （3-13）

式中，$U_{\text{DC}}$ 和 $I_{\text{DC}}$ 分别为系统正常稳态运行时直流极间电压和直流线路电流。

## 3.3.1.2　双极短路故障

双极短路故障暂态过程可依据变换器闭锁与否划分为两个阶段。变换器闭锁前，交流电网和 MMC 桥臂中投入的子模块电容器均向短路点注入短路电流，子模块电容器放电电流占主导。在此阶段，子模块电容器快速放电使桥臂电流快速上升，子模块电容器电压下降，进而导致两端换流站直流线路保护安装处的电流快速大幅上升和电压下降。由于子模块电容器放电电流方向为流向故障点，其在逆变站与故障前直流正、负极线路电流与实际流向相反，逆变站直流正、负极线路保护安装处电流 $i_{\text{Mp}}$ 和 $i_{\text{Mn}}$ 将迅速反向。

如图 3-17 所示为 MMC 一相单元子模块电容器向故障点放电的等效电路，图 3-17（a）标示了放电电流方向，图 3-17（b）用于计算放电电流。由于 MMC 相单元中上、下桥臂电抗器在子模块电容器放电回路中串联，所以放电回路中等值电感为 $2L$；同时，随着系统的运行，MMC 相单元中上、下桥臂中的所有子模块都会被投入和切出，所有子模块电容器均会向故障点放电，上、下桥臂电容器等效于并联，所以放电回路中等值电容为 $2C/n$；此外，图中 $R_{\text{stray}}$ 代表放电回路中的等效电阻。基于图 3-17（b）所示电路和初始条件，可得放电回路电流：

$$i_j = \mathrm{e}^{-t/\tau}\left[ U_{\text{DC}}\sqrt{\frac{C}{nL}}\sin(\omega t) + I_j\cos(\omega t) \right],\ j = \text{a, b, c}$$ （3-14）

$$\omega = \frac{1}{2}\sqrt{\frac{n}{LC} - \left(\frac{R_{\text{stray}}}{2L}\right)^2}$$ （3-15）

$$\tau = \frac{4L}{R_{\text{stray}}}$$ （3-16）

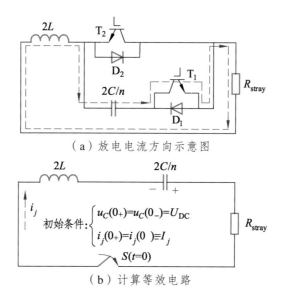

（a）放电电流方向示意图

（b）计算等效电路

图 3-17　MMC 一相单元子模块电容器放电等效电路

由基尔霍夫电流定律（Kirchhoff's Current Law，KCL）可得逆变站直流正极线路电流：

$$i_{DC} = \sum_{j=a,b,c} i_j = e^{-t/\tau}\left[ 3U_{DC}\sqrt{\frac{C}{nL}}\sin(\omega t) - I_{DC}\cos(\omega t) \right] \qquad (3\text{-}17)$$

逆变站直流线路电流反向时刻可通过求解式（3-17）得到，即式（3-18）所示。代入本章仿真模型参数，可知道逆变站直流线路电流反向在故障后数十微秒就能完成。

$$t_r = \left( \arctan\frac{I_{DC}}{3U_{DC}\sqrt{C/nL}} \right)/\omega \qquad (3\text{-}18)$$

子模块电容器放电会造成系统一次设备过流。为减小故障危害，MMC 在双极短路故障几毫秒后闭锁，子模块电容器放电回路被切断，子模块电容放电停止。但在此阶段，交流电网短路电流仍可通过子模块反并联二极管注入短路点，两侧交流系统相当于三相短路，直流线路仍有较大电流流过。

综上分析可知，在双极短路故障下，两端换流站直流线路保护安装处的电流和电压在故障数十微秒后有：

$$\begin{cases} i_{Kp} = -i_{Kn} > 0 \\ i_{Mp} = -i_{Mn} > 0 \\ u_{Kp} = -u_{Kn} > 0 \\ u_{Mp} = -u_{Mn} > 0 \end{cases} \qquad (3\text{-}19)$$

### 3.3.1.3 　仿真验证

图 3-18 给出了直流线路中点发生负极接地故障时的仿真结果。由图可知，负极接地故障时，零电位点发生转移。

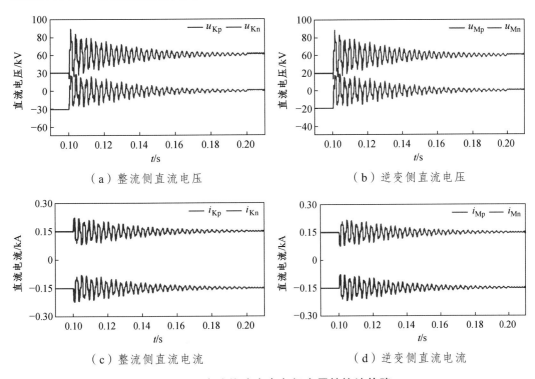

（a）整流侧直流电压　　　　　　　　　　　（b）逆变侧直流电压

（c）整流侧直流电流　　　　　　　　　　　（d）逆变侧直流电流

**图 3-18　直流线路中点负极金属性接地故障**

图 3-19 给出了直流线路中点发生双极接地故障时的仿真结果。双极短路故障时，逆变站直流正、负极线路电流 $i_{Mp}$ 和 $i_{Mn}$ 快速反向。

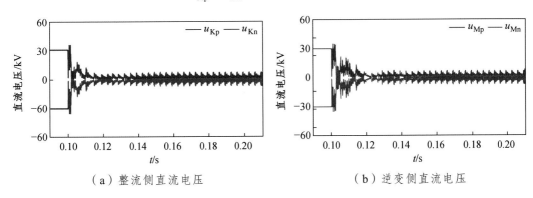

（a）整流侧直流电压　　　　　　　　　　　（b）逆变侧直流电压

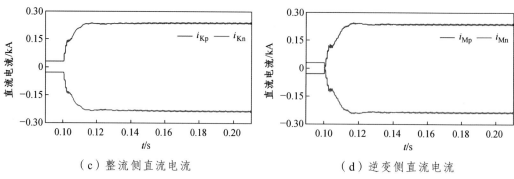

（c）整流侧直流电流          （d）逆变侧直流电流

图 3-19　直流线路中点双极金属性短路故障

## 3.3.2　交流侧接地方式下的故障特性

### 3.3.2.1　故障机理分析

在直流汇集接入系统中发生正极接地故障后的故障电流路径如图 3-20 所示。不同故障电流路径形成原因如下：

（1）故障极桥臂电容将通过故障接地点和交流侧电极形成放电电路；

（2）故障和正常运行的直流线路中的电容接地放电；

（3）由于变压器的隔离，交流电源不会连接到故障点，所以交流电流保持正常值。

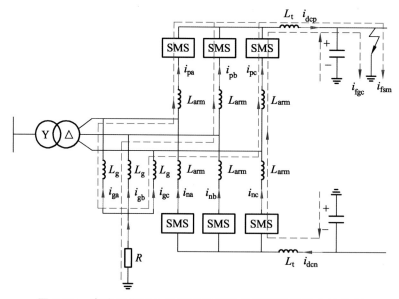

图 3-20　直流汇集接入系统正极接地故障后的故障电流路径

一般情况下，直流线路故障电流 $i_\mathrm{f}$ 由正常工作电流 $i_\mathrm{L}$、故障极桥臂子模块电容器放电电流 $i_\mathrm{fsm}$ 和电容对地放电电流 $i_\mathrm{fgc}$ 组成，其关系如式（3-20）所示。只有 $i_\mathrm{fsm}$ 和 $i_\mathrm{fgc}$ 可以流入故障点，由于与正极故障类似，负极接地故障不再细致讨论。

$$i_\mathrm{f} = i_\mathrm{L} + i_\mathrm{fsm} + i_\mathrm{fgc} \tag{3-20}$$

$i_\mathrm{f}$ 的故障波形如图 3-21 所示。如上所述，$i_\mathrm{f}$ 中有 3 个分量。缓慢上升的直流分量（蓝线）对应 $i_\mathrm{fsm}$，因为它处于过阻尼电路中；高频振荡分量代表 $i_\mathrm{fgc}$，因为它处于欠阻尼放电电路中。

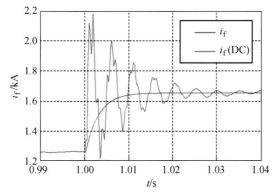

图 3-21　直流线路故障电流波形

由于直流线路电压的突变，$i_\mathrm{fgc}$ 会在几微秒内迅速上升。上述分析表明，瞬态故障电流包括故障后短时间内的 $i_\mathrm{fgc}$ 和 $i_\mathrm{fsm}$，而故障稳态电流仅包括 $i_\mathrm{fsm}$。

## 3.3.2.2　子模块放电电流

$i_\mathrm{fgc}$ 会影响故障臂中的电压分布，所以难以建立电流 $i_\mathrm{fsm}$ 的表达式。为了消除 $i_\mathrm{fgc}$ 的影响并正确反映 $i_\mathrm{fsm}$ 的变化趋势，选择在对地故障后具有阶跃电压源的一阶电路来进行分析。交流侧电压幅值在故障前设置为 $U_\mathrm{S}$，并在故障后变为 $\frac{1}{2}U_\mathrm{DC}$。根据电路参数可得电路初始状态变量值：

$$\begin{cases} i_\mathrm{fsm}(0_+) = 0 \\ i_\mathrm{fsm}(\infty) = \dfrac{U_\mathrm{DC}}{2R} \\ \tau = \dfrac{L_\mathrm{g}}{R} \end{cases} \tag{3-21}$$

通过三要素方法，$i_\mathrm{fsm}$ 的理论值可以表示为：

$$i_{fsm}(t) = i_{fsm}(\infty) + [i_{fsm}(0_+) - i_{fsm}(\infty)]e^{-\frac{t}{\tau}} = \frac{U_{DC}}{2R}\left(1 + e^{-\frac{R}{L_g}t}\right) \qquad (3\text{-}22)$$

进行仿真验证，结果如图 3-22 所示。理论计算过程中使用的电容参数为 0.008 1 μF/km，忽略了线路电阻和电感。仿真值的获得是通过从 $i_f$ 中去除 $i_L$ 和 $i_{fgc}$。式（3-22）表示的理论计算公式中不考虑限流电抗器和臂电抗器两端的电压，使得 $i_{fsm}$ 的理论计算值和仿真值之间存在一定差异。

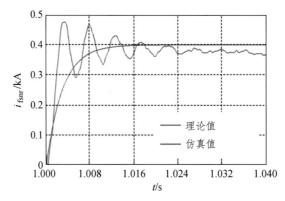

图 3-22　$i_{fsm}$ 的理论值和仿真值

由于在式（3-22）中忽略线路电抗器和臂电抗器两端的电压，因此，图 3-22 中的 $i_{fsm}$ 的仿真值在故障后约 20 ms 内是波动的。仿真稳态值小于理论计算值，这是子模块电容器电压降低引起的。与交流单相接地故障和两相短路接地故障类似，直流对地故障也属于一种不对称故障。这将使直流正极电流与负极电流存在差异，并且差异在数值上等于 $i_{fsm}$，其计算表达式为：

$$i_{DCp} - i_{DCn} = i_{fsm} = i_g \qquad (3\text{-}23)$$

接地电流 $i_g$ 在正常运行时通常为 0，在故障后由于 $i_{fsm}$ 流入而显著增加，与极间故障相比，可以看作是接地故障的特征。

### 3.3.2.3　汇集接入系统线路放电电流

直流侧发生接地故障后，正、负极直流线路都会产生放电电流 $i_{fgc}$，放电电流方向如图 3-23 所示。

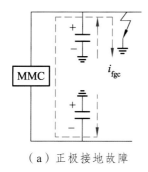
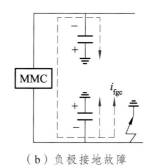

（a）正极接地故障　　　　　　　（b）负极接地故障

图 3-23　$i_{\text{fgc}}$ 故障电流回路

　　当正极发生接地故障时，正极线路电压迅速降低到 0 并且线电容将对地放电，而负极线路电压的绝对值同时增加，其对地电容将会充电，所以放电电流和充电电流都从地流到输电线路。因此，两个电流方向相同。类似地，在负极线路发生接地故障之后，正极和负极线路的 $i_{\text{fgc}}$ 都从传输线流向地。

　　由于故障极产生的 $i_{\text{fgc}}$ 直接流向故障点，故障线末端的保护装置只能检测到正常极的故障电流 $i_{\text{fgc}}$。考虑到电路中每个元件的电压变化，接地故障放电电路上的正常极电容可以简单等效为二阶 $RLC$ 电路，如图 3-24 所示。

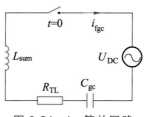

图 3-24　$i_{\text{fgc}}$ 等效回路

　　图中，$L_{\text{sum}}$ 表示两个串联臂电感；$R_{\text{TL}}$ 表示线路电阻；$C_{\text{gc}}$ 表示对地的负线电容。由于 $C_{\text{gc}}$ 通常比子模块电容小得多，所以它可以代表整个电路的等效电容值。当 $t = 0$ 时，开关闭合，电压源开始为 $C_{\text{gc}}$ 充电，初始条件为：

$$\begin{cases} u_{\text{gc}}(0_-) = \dfrac{1}{2}U_{\text{DC}} \\ i_{\text{fgc}}(0_-) = i_{\text{L}} \end{cases} \tag{3-24}$$

根据 KVL 建立暂态方程：

$$L_{\text{arm}}C_{\text{gc}}\frac{\mathrm{d}^2 i_{\text{fgc}}}{\mathrm{d}t^2} + R_{\text{TL}}C_{\text{gc}}\frac{\mathrm{d}i_{\text{fgc}}}{\mathrm{d}t} + i_{\text{fgc}} = U_{\text{DC}} \tag{3-25}$$

将初始条件代入式（3-21）可以近似为：

$$i_{\text{fgc}} = i_{\text{fgc}}(0_-)\text{e}^{-\frac{R_{\text{TL}}}{2I_{\text{sum}}}} \sin \frac{1}{\sqrt{L_{\text{sum}}C_{\text{gc}}}} t \tag{3-26}$$

$i_{\text{fgc}}$ 的仿真值和理论值如图 3-25 所示。两条曲线的变化趋势基本相同。由于控制系统会改变子模块的切换顺序并使故障电流瞬态过程复杂化，难以用数学解析模型表示。基于典型线路参数，$i_{\text{fgc}}$ 的振荡频率为几百赫兹。也就是说，在接地故障后约 1 ms 内，$i_{\text{fgc}}$ 可以达到最大值。此特点可用于直流汇集接入系统的接地故障保护。

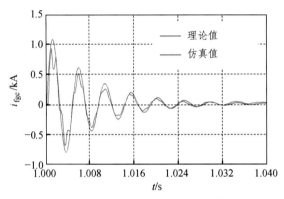

图 3-25 $i_{\text{fgc}}$ 的理论值和仿真值

## 3.4 本章小结

本章通过理论分析与仿真研究了 MMC 的交直流故障过程，对比光伏电站直流升压汇集系统的不同接地方式，进而对不同接地方式下的直流侧、交流侧故障暂态过程进行了分析。

第 4 章

# 光伏电站直流升压汇集接入系统分层协同控保方案

## 4.1　分层协同控保体系架构

保护问题是光伏直流升压汇集系统首先需要解决的问题之一。电力电子装置的应用使得保护系统需要快速的故障检测与保护，主要体现在以下 3 个方面：

（1）快速的故障检测与保护可以降低模块化多电平柔性直流器件和设备损坏的风险。由于直流线路电抗很小，线路发生双极故障时故障电流上升很快，较大的故障电流可能损坏变换器开关器件和设备。快速的故障检测可以配合保护系统切断处于上升期的故障电流，降低柔性直流输变电设备因过流而损坏的风险。

（2）快速的故障检测与保护可以降低柔性直流系统对直流断路器性能的要求。直流线路故障时，可通过直流断路器切断故障电流。如果保护系统不能及时检测故障，故障电流迅速上升，接收到跳闸信号时直流断路器需要切断的故障电流就会非常大，对直流断路器的性能要求就会很高。如果保护系统能够快速检测故障，直流断路器需要开断的直流电流相对较小，从而降低对直流断路器性能的要求。

（3）快速的故障检测与保护可以提高多端柔性直流运行的稳定性。对于多端柔性直流系统，如果不能及时检测并切断故障线路，整个多端柔性直流系统将会快速失压，使得变换器无法维持正常的控制功能，导致整个多端柔性直流系统停运。快速检测并在系统失压之前切除故障线路，可以使非故障线路保持正常运行，降低一条线路故障导致整个柔性直流系统停运的风险，提高多端柔性直流运行的稳定性。

图 4-1 为 5 MW 光伏直流升压汇集接入系统。该系统主要由两部分组成：一部分是光伏阵列与 DC/DC 变换器组成的发电单元；另一部分是低压与高压汇集线、升压变换器以及并网逆变变换器组成的汇集输送单元。

光伏电站直流升压汇集接入系统中 DC/DC、DC/AC 多类型变换器共存、直流汇集网络分支众多、直流线路短、接地方式与运行方式多样，故障特性不同于传统交流系统及点对点直流输电系统，传统继电保护与直流输电保护在此场合应用时还需进一步研究与改进。

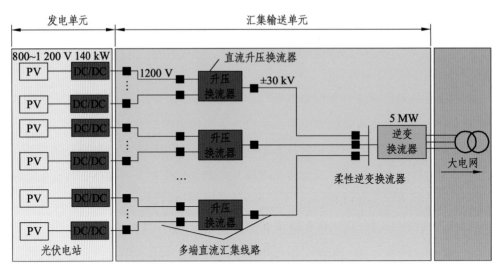

图 4-1　光伏电站直流升压汇集系统拓扑

　　光伏电站直流升压汇集接入系统单元层是光伏阵列与 DC/DC 变换器组成的发电单元。系统运行时遭受的扰动一般可分为小扰动和大扰动两类。小扰动一般是指负荷或者线路参数的波动；大扰动一般是指系统故障。配置光伏电站直流升压汇集接入系统的控保方案时，一方面要充分发挥变换器的可控性对扰动的平抑作用，通过变换器控制提高系统安全稳定运行的能力；另一方面，也必须考虑系统中所有设备、线路等的故障大扰动保护，包括：发电单元的保护，即光伏阵列与 DC/DC 变换器的保护；汇集输送单元的保护，也即汇集线路、直流升压变换器、逆变变换器的保护。从平抑、消除扰动的角度看，系统的控制与保护既需要相互独立，又需要协同配合。

　　相比大电网，光伏电站直流升压汇集接入系统规模较小，更易获得全面的系统状态信息，通信也更加方便，为光伏电站直流升压汇集接入系统分层分区控保提供了物理基础。控制与保护的根本目的是保障系统安全可靠稳定运行。从系统拓扑与控制分级角度看，包括局部控制与保护、全局控制与保护。因此，控制与保护在功能需求上具有明显的层次差异。按照"功能分层配置"原则，将光伏电站直流升压汇集接入系统分为设备单元层、汇集间隔层、场站系统层。各层级都具有相应的控制功能与保护功能，如图 4-2 所示。

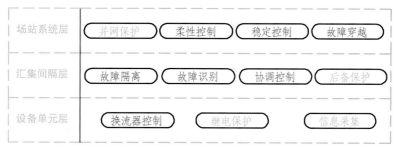

图 4-2　光伏电站直流升压汇集接入系统各层级功能图

设备单元层基于信息采集功能实现本层级控制与保护。当发生扰动时，可以通过控制变换器平抑扰动，并可以根据相关状态信息判断是否需要启动故障保护，切除故障。本层级的保护功能主要为主保护、近后备保护。

汇集间隔层是低压与高压汇集线、升压变换器以及逆变变换器所组成的汇集输送单元。汇集间隔层依据本层的状态信息，实现故障识别、故障隔离与后备保护的功能。本层级保护功能主要为设备单元层提供远后备保护，因而，汇集间隔层在拓扑结构上包含设备单元。

场站系统层面向整个光伏电站直流升压汇集接入系统，根据全局信息，主要实现并网保护、故障穿越、柔性控制与稳定控制等功能。

光伏电站直流升压汇集接入系统的设备单元层、汇集间隔层、场站系统层实现控制功能的物理基础是变换器，保护功能通过保护装置实现，控保功能通过控保分区协同配合实现。

传统电力系统的继电保护通过分区保护配合实现。在保护分区内发生故障时，继电保护能够正确启动且快速、可靠地切除故障，使损失降低到最小。为了使保护可靠动作并能相互配合，在划分保护分区时应遵循以下基本原则：

（1）保护分区必须覆盖整个系统，不允许存在死区，保证在任意位置发生故障时，都处于保护范围内，故障能够可靠地被切除。

（2）相邻保护分区之间保护范围要有重叠，且重叠区要尽可能小。

保护分区有多种划分方法。在传统电力系统中，保护分区一般以设备为中心，借助断路器进行划分。但是近年来，可再生能源发电大量并网使得电网运行更加复杂多样，传统的保护分区继电保护整定配合越发困难。对此，为了更好地保障电力系统安全可靠运行，出现了基于电网信息测量与通信技术的广域保护方法。广域保护是面向大电网的、信息交互复杂的分区保护方法。广域保护通过相量测量单元（Phasor Measurement Unit，PMU）实现广域信息同步采集，可以根据丰富及时的广域信息，对系统状态做出实时判断，因而可以实现多种状态下的系统保护。

与传统电力系统相比，光伏电站直流升压汇集接入系统的电力电子装置较多，且电力电子装置的可控性在平抑扰动时能起到重要作用。因此，为了发挥变换器在平抑扰动方面的作用，光伏电站直流升压汇集接入系统可将控制与保护结合在一起，将传统的继电保护分区配合转变为控保分区配合。

光伏电站直流升压汇集接入系统的控保分区划分方法一方面遵循传统分区划分方法的两项基本原则，保障无控保死区存在；另一方面考虑控保协同配合，根据系统状态信息，发挥变换器在平抑扰动方面的可控性以及保护装置在故障切除方面的可靠性，实现多种状态下的协同控制与保护。因此，划分光伏电站直流升压汇集接入系统控保分区时应遵循以下原则：

（1）控保分区必须覆盖整个系统，不允许存在死区，保证在发生扰动时，能通过控制平抑扰动或通过保护装置切除扰动。

（2）相邻控保分区之间保护范围要有重叠，且重叠区要尽可能小。

（3）控保分区内含有可控装置、保护装置。

按照以上原则，光伏电站直流升压汇集接入控保分区如图 4-3 所示。

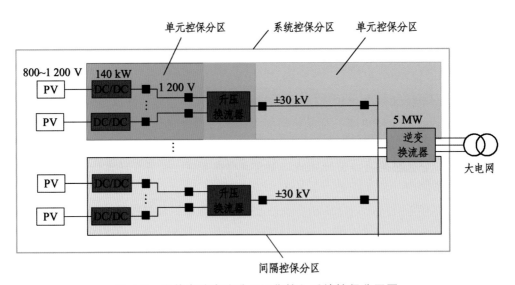

图 4-3　光伏电站直流升压汇集接入系统控保分区图

光伏电站直流升压汇集接入系统控保分区与控保分层的对应关系如图 4-4 所示。单元控保分区对应设备单元层；间隔控保分区对应汇集间隔层；系统控保分区对应场站系统层。光伏电站直流升压汇集接入系统分层分区控保互相协同配合，共同实现对整个系统的控制与保护，保证系统安全、稳定、可靠运行。

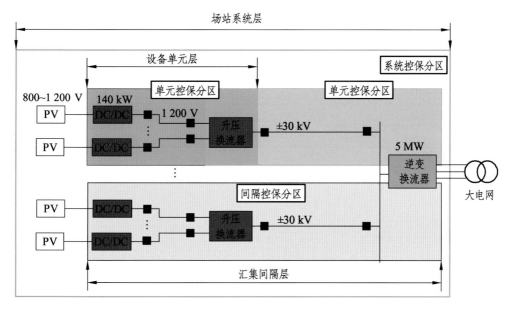

图 4-4　光伏电站直流升压汇集接入系统分层分区对应关系

## 4.2　设备级保护配置

配置光伏电站直流升压汇集接入系统相关保护时，要根据设备特点，考虑可能发生的故障及故障特征，配备相应的主保护与后备保护。光伏电站直流升压汇集接入系统的典型结构如图 4-5 所示。

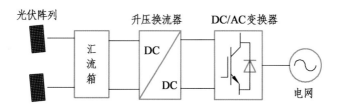

图 4-5　光伏电站直流升压汇集接入系统典型结构

## 4.2.1 保护配置要求

为了保障光伏电站直流升压汇集接入系统安全稳定运行，保护配置应当满足以下要求：

（1）保护设备能够可靠、迅速动作，满足可靠性、速动性、选择性、灵敏性的要求。

（2）设置冗余保护，保证某保护拒动时，其他保护能可靠动作并切除故障。

## 4.2.2 汇流箱保护

光伏发电原理是利用半导体器件将太阳能转换为电能。单个光伏电池的电压大约为 0.5 V，为了获得一定的电压，将多个光伏电池串并联组成光伏组件；若干个光伏组件并联进入汇流箱汇流，将多路电流汇聚成一路。汇流箱保护配置如图 4-6 所示。根据汇流箱的汇流特点，其内部一般配有如下保护：

（1）反向过电流保护。多路光伏阵列电流并联汇聚成大电流输出，在发生电流倒灌时，防止大电流流入光伏组件而烧毁组件，配有过电流保护。过电流保护通过熔断器执行保护动作。

（2）过流保护。当发生外部故障时，线路电流增大，直流断路器分断过电流，保护光伏组件。

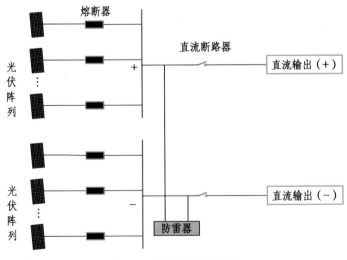

图 4-6　汇流箱保护配置

（3）电涌保护。光伏发电系统受到雷电影响或其他瞬间过电压影响时，产生剧烈的脉冲，形成电涌。电涌保护器，又称防雷器，配有过压、过流保护，可以保护系统不受电涌影响。

汇流箱保护有多种保护配置方案，但都应该具备以上基本保护。在应用时，可根据具体需要，配备相应的保护。

## 4.2.3　变换器保护

变换器是光伏电站直流升压汇集接入系统的关键器件，对保障系统的安全稳定运行起到至关重要的作用。在系统中，变换器主要包括 DC/DC、DC/AC 两类变换器。在线路侧，DC/DC 变换器类似于变压器，实现电压变换，连接不同电压等级的线路；在并网侧，DC/AC 变换器连接直流系统-交流电网，实现电能转换。变换器发生故障会严重影响系统的可靠运行。因此，必须针对变换器配置严格的保护。

### 1. 变换器基本保护

DC/DC、DC/AC 两类变换器实现控制功能的物理基础都是 IGBT 等电力电子器件。因此，基于电力电子器件特性，DC/DC、DC/AC 变换器都应配置如下基本保护：

（1）过压、欠压保护。变换器承受过压时，会加速器件绝缘老化，严重时，甚至会直接击穿电力电子器件，失去控制功能；变换器承受欠压时，会影响其输出电压水平。因而，为保障变换器正常工作，延长其使用寿命，需要配备过压、欠压保护。

（2）过流保护。当发生故障时，变换器承受的电流增大，会降低变换器的使用寿命，甚至损坏变换器。过流保护可以保证变换器正常工作，延长使用寿命。

（3）过热保护。温度是影响变换器安全工作的重要因素之一，温度过高会导致变换器元件损坏。过热保护能够保障变换器在正常温度范围内工作。过热保护一般通过冷却装置实现。

### 2. DC/DC 升压变换器保护

DC/DC 升压变换器是光伏电站直流升压汇集接入系统的关键设备，对整个系统的可靠运行有重要影响。目前，采用隔离型 DC/DC 变换器是获得高升压比的可行方案。与传统电力变压器相比，换流变压器会受到谐波、直流偏磁等的影响。换流变压器除了配置过压保护及过流保护等变换器基本保护作为后备保护，还应配置如下保护：

（1）差动保护。差动保护作为换流变压器的主保护，其保护原理与传统电力变压器的原理基本相同。

（2）过励磁保护。励磁电流过大，会引起温升、振动等效应，影响换流变压器正常运行。过励磁保护作为换流变压器的后备保护。

（3）瓦斯保护。瓦斯保护是非电气量保护，作为换流变压器的主保护。

### 3. DC/AC 变换器保护

在并网侧，DC/AC 变换器连接直流与交流两个系统，起到并网控制作用。因而，DC/AC 变换器除了配置变换器基本保护，还需配置以下保护：

（1）频率保护。光伏电站直流升压汇集接入系统遭受过频、欠频时，会影响系统可靠运行。为了提高系统的可靠性，需要配有频率保护。

（2）相序保护。光伏电站直流升压汇集接入系统并网时，相序要与电网一致，否则会导致并网失败。相序保护能够检测相序是否一致。

（3）防孤岛保护。电网发生严重故障后，光伏电站直流升压汇集接入系统仍然向电网供电，会产生孤岛效应，影响电网安全稳定运行。当出现孤岛效应时，防孤岛保护断开系统与电网连接，停止向电网供电，保证电网安全可靠运行。

## 4.2.4　线路保护

光伏电站直流升压汇集接入系统的线路主要包括从光伏阵列到变换器的直流线路、低压/高压直流汇集线路。线路常见故障包括短路、断线等故障。短路故障又包括单极接地故障、双极短路、双极接地短路故障。针对直流线路常见故障，需配置相应的保护：

（1）行波保护。在直流线路故障时，会从故障点向线路两侧传播反行波，行波保护就是利用反行波来检测故障，实现线路的保护。行波保护主要针对接地故障，是长直流线路的主保护。

（2）微分欠压保护。微分欠压保护通过检测电压微分数值 $dU/dt$ 和电压幅值 $U$ 实现接地故障保护。微分欠压保护是直流输电线路的主保护，同时又作为行波保护的后备保护。

（3）差动保护。差动保护通过比较多端电气量实现故障保护，其对通信要求比较高，在直流线路保护中作为后备保护使用。

## 4.3　分层协同控保方案

光伏电站直流升压汇集接入系统各分层分区具有不同的控制与保护功能，且各功能的响应速度也不相同，从而导致控制与保护之间的协调配合较为复杂。为了实现各分层分区控制与保护功能之间的协同配合，本节研究了光伏电站直流升压汇集接入系统分层分区控制与保护协同策略。

## 4.3.1　多层保护协同

光伏电站直流升压汇集接入系统多层保护结构在保护范围上存在重叠，所设计的多层保护体系利用不同保护分层之间的协同，逐层切除故障。图 4-7 为多层保护协同工作机理。分析多层保护的协同任务：单元层主保护根据故障的严重程度优先动作，最小化故障切除范围，在保证系统稳定性的前提下，尽可能小地切除非故障区域；间隔层保护一方面为单元层提供后备，另一方面与系统层协同，协助系统层判断故障是否为区外故障；系统层保护作为最高一级保护，主要用于隔离系统内外故障，避免故障对相连系统造成影响。若发生区内故障，则由保护各层协同切除；若发生外部故障，则系统层保护加速隔离故障区域，保证系统的安全性。

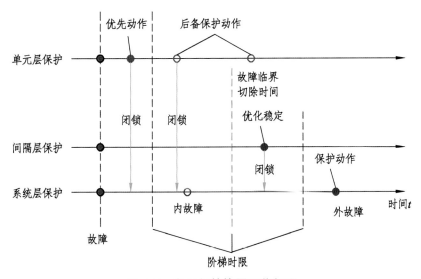

图 4-7　多层保护协同工作机理

现有多层保护主要通过阶梯时限的方式实现同级主保护与后备保护以及上下级保护间的配合，但是此种配合方式往往使得后备保护动作时间长且切除范围大，一旦主保护拒动，系统的安全性与可靠性难以保证。考虑到保护动作时间长对系统安全性的影响，利用闭锁信号与阶梯时限结合的方式实现多层保护不同分层的配合，实现不同层之间的协同配合替代保护上下级简单配合。阶梯时限考虑故障影响扩散衰减效应，在保护整定时按单元层、间隔层与系统层逐层延长动作时间，当故障由某层保护对应的断路器隔离时，向其协同配合的保护发送闭锁信号（即状态闭锁），基于状态闭锁与阶梯时限的配合方式可有效提高上下层保护的配合能力，满足保护选择性与速动性的要求。

## 4.3.2　控保协同

光伏电站直流升压汇集接入系统运行时，往往会受到某些干扰使其偏离正常运行状态，甚至某些大扰动会造成停电事故，影响系统安全可靠运行。因此，直流升压汇集接入系统需要具备抑制、消除扰动的能力，即具备控制与保护功能。协同控保的机理是，针对不满足系统约束条件的状态，采用适当的控制、保护或者控制保护共同作用，抑制或消除扰动异常及故障状态，使系统恢复到正常运行状态。对于小扰动，通过控制变换器抑制、消除扰动；对于大扰动，通过变换器控制降低扰动危害，必要时通过保护功能切除扰动源。

光伏电站直流升压汇集接入系统根据是否满足相关等式及不等式约束条件，运行状态可以分为正常状态、警戒状态、紧急状态、崩溃状态、恢复状态。当系统发生故障或受到其他扰动时，可能会破坏某些约束条件，使系统状态发生偏移，造成安全隐患。当状态变化时，要启用相关控制与保护功能，使系统恢复到原来状态或达到新的稳定状态。因此，协同控保策略是基于状态驱动机制的协同策略。

定义系统当前状态为 $N$，正常状态为 $A$，非正常状态集合 $U$ 为：

$$U = \{警戒状态、紧急状态、崩溃状态、恢复状态\} \tag{4-1}$$

另外，定义所有可能导致系统处于 $U$ 状态的扰动集合 $D$：

$$D = \{D_i\} \tag{4-2}$$

其中，$D_i$ 为 $i$ 类扰动。

基于状态驱动机制的协同控保策略的启用判据：

$$N \in U \tag{4-3}$$

当系统处于非正常状态时，采用相应的控制与保护功能抑制、消除扰动使系统恢复到正常状态。协同控保启动流程如图 4-8 所示。

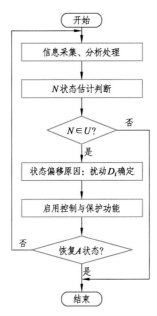

图 4-8　协同控保启动流程

当系统出现扰动或故障等异常时，光伏电站变换器控制与保护策略如图 4-9 所示。

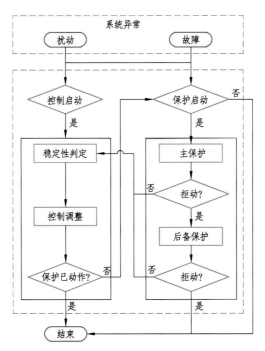

图 4-9　光伏电站变换器控制与保护策略

### 4.3.3 多层控保协同

从功能角度看，协同控制与保护策略包括控制与保护之间的协同、保护之间的协同、控制之间的协同；从分层分区角度看，既包括各分层分区内部控制与保护的配合，又包括分层分区之间控制与保护的配合。

#### 4.3.3.1 控制与保护协同

光伏电站直流升压汇集接入系统的控制功能主要表现在：扰动发生时起到抑制、消除作用；扰动消除后起到稳定作用；保护功能主要表现在：系统发生大扰动特别是发生严重故障时，快速切除故障，保障系统安全。控制功能与保护功能互相配合，实现系统安全稳定可靠运行。控制与保护之间遵循"控制优先，控保结合"的原则。对于小扰动，通过控制变换器抑制、消除扰动；对于大扰动，先通过变换器控制降低扰动危害，必要时通过保护功能切除扰动源。在系统受到扰动而运行于警戒状态或紧急状态时，系统仍然具有一定的稳定性，且电力电子设备控制具有快速性，因此，优先通过控制电力电子器件来平抑、消除扰动；若控制达不到效果，系统向更严重状态发展，启用保护功能进行保护，待扰动消除后，采取相应的控制功能进行恢复。

#### 4.3.3.2 保护协同

光伏电站直流升压汇集接入系统的保护协同主要是控保分区之间的配合，是主保护与后备保护之间的配合。光伏电站直流升压汇集接入系统分为单元控保分区、间隔控保分区、系统控保分区。单元控保分区主要提供主保护与近后备保护。当系统发生故障时，首先主保护动作，若主保护拒动，则本单元的近后备保护要启动；若主保护与近后备保护都拒动，则由间隔控保分区提供远后备保护。系统控保分区主要提供系统的并网保护，同时，也可以作为远后备保护。主保护与后备保护可以通过阶梯时限或交互通信方式实现协同配合。

#### 4.3.3.3 控制协同

光伏电站直流升压汇集接入系统按照功能配置可以分为设备单元层、汇集间隔层及场站系统层。设备单元层控制功能主要包括：根据本单元信息，控制本单元变换器；接收来自汇集间隔层的控制指令。汇集间隔层控制功能主要包括：协调控制设备单元层；接收来自场站系统层的控制指令。场站系统层控制功能主要包括：协调控制各层级，稳定系统；对并网侧变换器进行控制，实现并网控制。各层级控制功能关系如图 4-10 所示。各层级控制功能可以通过多 Agent 方式实现协同配合。

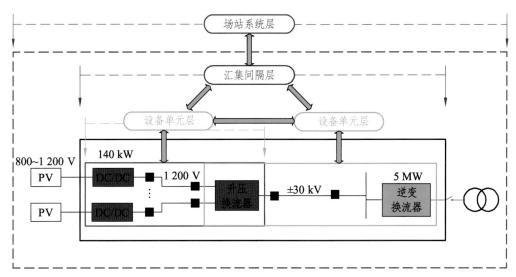

图 4-10　光伏电站直流升压汇集接入系统各层级控制功能关系

## 4.4　本章小结

光伏电站直流升压汇集接入系统协同控保方案旨在使控制与保护相互协同，保障系统安全可靠运行。本章介绍了覆盖单元层、汇集层、场站层的光伏电站直流升压汇集接入系统分层协同控保体系架构，给出了设备级保护配置与分层协同控保方案。

# 第 5 章

## 光伏电站直流升压汇集接入系统单元层控保技术

## 5.1　纵联差动保护多端数据自同步

光伏电站直流升压汇集系统中，当直流线路发生故障，直流侧电容快速放电，放电电流将在几毫秒内上升至峰值，故障放电过程具有很强的冲击，易造成电力设备的损坏。因此，限制故障电流和快速隔离故障成为直流保护的关键问题。一方面，在直流线路增设必要的故障限流装置，抑制故障过程对系统的冲击和影响；另一方面，直流线路保护方法应具备快速响应与判断的能力，一旦发生故障，保护须快速识别并隔离故障，确保设备与系统的安全。

差动保护是将各端电气量数字化，借助通信方式进行传送，再由微机保护进行动作判定。差动保护算法要求输入比较的电气量必须为同步采样或经过同步化处理。因此，数据同步技术是实现差动保护的关键之一。

高压输电线路普遍采用硬交换技术的硬实时通信实现纵联保护，如同步数字体系技术、光纤专用通道等。由于硬交换的通信延时一定，差动保护可利用基于数据通道的同步技术完成各端采样数据同步，其中 Ping-Pong 算法应用最为广泛。利用 GPS 对时、NTP 对时也是高压输电线路常用的同步方法，但由于增加了辅助设备，在降低技术经济性的同时还带来了因辅助设备故障而导致的保护不正确动作的风险。除此之外，有研究提出交流系统利用参考向量实现同步的方法，但由于这种同步方法的准确性受线路模型和直流衰减因素的影响，因此实际应用比较困难。

与高压输电网络不同，从成本、方案实现难度以及拓扑的灵活性等多方面综合考虑，直流升压汇集接入系统采用软实时通信技术来实现差动保护是实际的，并且符合技术经济性要求。软实时通信是指通信技术采用软交换技术，如基于无线网络的弹性分组环传送技术和改进实时性的网络等。基于数据通道的同步技术在采用硬实时通信时，可认为收、发通道延时大小一致；而对于软实时通信技术，该基本假设不成立，故在不增加任何辅助设备的前提下，数据同步对直流升压汇集接入系统差动保护是个很大的挑战。

光伏直流升压汇集接入系统结构复杂、变换器类型多，因此利用差动保护是合理的选择。借鉴输电网保护配置的特点，将输电网保护原理应用至直流升压汇集接入系统保护中，需要对相关保护原理进行分析和改进以提高其保护性能。

### 5.1.1 差动保护数据同步原理

从叠加原理的角度分析，光伏直流升压汇集接入系统中发生故障相当于在故障点位置叠加一个与故障前大小相等、方向相反的直流电压源。该附加电压源的存在会引起保护安装处电压和电流的变化。在故障瞬间，附加电压源产生的影响是以行波的方式向线路各端传播。如图 5-1 所示，当发生故障 F 时，故障行波将迅速沿着线路到达两侧保护安装处。

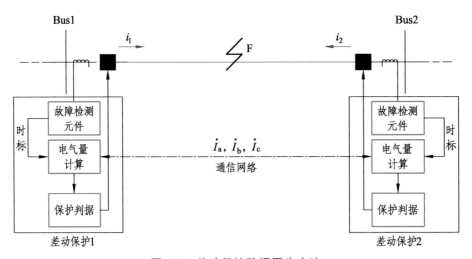

图 5-1　差动保护数据同步方法

与传统高压直流输电网不同，直流升压汇集接入系统的连接线路较短，而行波接近于光速传播。因此，不论故障发生于直流汇集与接入线路的哪个位置，两侧保护安装处的电流和电压都几乎在同一时刻发生变化。以此为基础，在光伏直流升压汇集接入系统中可通过检测故障时刻的方法同步各端时标。

故障检测元件（fault detector）和保护的启动元件（starting element）可用来快速检测直流汇集接入系统中的扰动，它们的动作灵敏度比保护判据要高得多。在数字化微机保护中，所有的计算和处理都是以采样点为单位完成的。为提高检测的可靠性，故障检测元件或启动元件通常需要对多个采样点进行验证，才能确定系统中是否真正存在扰动。当故障检测元件或启动元件确认扰动时，可认为线路各端最后一个验证的采样点是同一时刻采集的，即具有相同的时标。这一过程会存在一定的误差，但只要检测算法合理，误差不会超过一个采样时间间隔。

电压量和电流量均可用来检测故障时刻。在光伏电站直流升压汇集接入系统中互感器通常配置较为完整，可利用电流量来检测直流系统扰动，同时结合电压幅值来判断其是否为正常的光伏电源出力随机性与间歇性调整。光伏直流升压汇集接入系统正常运行时，线路各端无须进行对时，但为验证通信网络是否正常，可隔一段时间向对侧发送校验信号。

## 5.1.2　差动保护数据同步策略

差动保护数据同步算法可利用电压采样值或电流采样值的变化来实现。直流升压汇集接入系统线路长度较短，在发生故障时，尽管各端所接电源的短路容量相差较大，但各端的测量电压与故障点电压基本相同，即各端电压仍会大幅下降。因此，可优先利用电压采样值变化量来构成故障判据，如式（5-1）所示：

$$|u[n]-u[n-N]|>\varepsilon \tag{5-1}$$

式中　　$u[n]$——当前电压采样值；

$u[n-N]$——一个周波前电压采样值；

$N$——每周波采样点数；

$\varepsilon$——门槛值。

由于故障时各端电压变化量基本相同，因此各端的 $\varepsilon$ 可取同一值，避免门槛值整定差异给故障时刻检测带来误差。当发生含过渡电阻的故障时，各端的测量电压仍与故障点电压基本相同，不会影响式（5-1）的性能。与保护启动判据类似，为提高式（5-1）的可靠性，可利用式（5-2）作为改进的判据。

$$||u[n]-u[n-N]|-|u[n-N]-u[n-2N]||>\varepsilon \tag{5-2}$$

式中，$u[n-2N]$ 为两个周波前电压采样值。

当连续 $N_{\mathrm{D}}$ 个采样点都满足式（5-2）时，即可认为直流升压汇集接入系统中发生了波动。此时可认为各端第 $N_{\mathrm{D}}$ 个采样点具有统一的时间刻度，即时刻 $t_{\mathrm{D}}$。在后续的各端数据交换过程中，均以时刻 $t_{\mathrm{D}}$ 为参考，打上对应时标。

除利用电压量外，还可利用电流采样值来检测波动，如式（5-3）所示：

$$\begin{cases} |i[n]-i[n-N]|>\varepsilon \\ ||i[n]-i[n-N]|-|i[n-N]-i[n-2N]||>\varepsilon \end{cases} \tag{5-3}$$

式中，$i[n]$、$i[n-N]$、$i[n-2N]$ 分别为当前电流采样值、一周波前电流采样值和两周波前电流采样值。

由于线路不同端的电源短路容量不同，故障后电流变化也不尽相同，因此，$\varepsilon$在整定时需要考虑该因素的影响。直流升压汇集接入系统中，电力电子型电源的短路电流会受控制系统限制，但系统反应速度快，故障电流会迅速增大。如图 5-2 所示为电力电子型电源侧和大电网侧电流故障检测波形，两侧波形分别以各自电源短路容量进行了标幺化处理。从图中可以看出，两侧故障检测元件中的电流上升趋势基本一致。为使两侧故障检测元件或启动元件同时发现故障，$\varepsilon$可统一按弱馈侧值整定。实际采样过程中，由于两侧并未进行对时调整，利用故障检测元件检测故障时刻存在一定误差。误差最大的情况如图 5-2 所示，即故障发生前瞬间一侧完成采样，故障发生后瞬间另一侧完成采样，此时两侧发现故障的时刻相差 $\Delta t_{\text{samp}}$（一个采样间隔时间）。

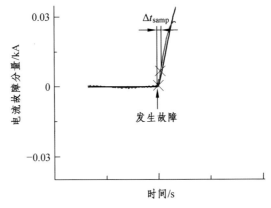

图 5-2　故障检测元件的电流波形

## 5.2　基于限流电抗的低压直流线路保护

### 5.2.1　低压直流电缆综合保护原理

本节在低压直流电缆串入限流电抗的基础上，提出线路综合保护方法。该方法充分利用两端电气量信息，能够不受过渡电阻的影响，在极间和单极接地故障下正确动作。以直流线路极间故障作为分析，阐释线路综合保护原理。当直流线路发生极间故障时，故障等效电路如图 5-3 所示，图中直流线路的总长度为 $l$，故障发生位置与 Node1 端的距离为 $d$；$R_{\text{M}}$ 和 $L_{\text{M}}$ 分别为故障发生处距离 Node1 端的线路等效电阻和电感；$R_{\text{N}}$ 和 $L_{\text{N}}$ 分别为故障发生处距离 Node2 端的线路等效电阻和电感；$L_{\text{M0}}$ 和 $L_{\text{N0}}$ 分别为直流线路两端所安装的限流电抗；$C_{\text{M}}$ 和 $C_{\text{N}}$ 分别为两端变换器等效并联电容；$R_{\text{g}}$ 为过渡电阻；$u_0$ 为故障点对地电势。

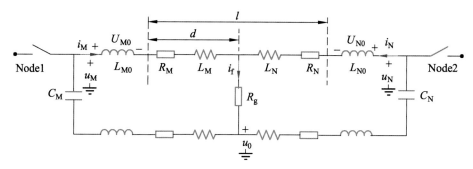

图 5-3　故障网络等效电路

线路两端暂态电压可以表示为：

$$u_{\mathrm{M}} = R_{\mathrm{M}} i_{\mathrm{M}} + L_{\mathrm{M}} \frac{\mathrm{d} i_{\mathrm{M}}}{\mathrm{d} t} + L_{\mathrm{M0}} \frac{\mathrm{d} i_{\mathrm{M}}}{\mathrm{d} t} + i_{\mathrm{f}} R_{\mathrm{g}} + u_0 \qquad (5\text{-}4)$$

$$u_{\mathrm{N}} = R_{\mathrm{N}} i_{\mathrm{N}} + L_{\mathrm{N}} \frac{\mathrm{d} i_{\mathrm{N}}}{\mathrm{d} t} + L_{\mathrm{N0}} \frac{\mathrm{d} i_{\mathrm{N}}}{\mathrm{d} t} + i_{\mathrm{f}} R_{\mathrm{g}} + u_0 \qquad (5\text{-}5)$$

式中　$u_{\mathrm{M}}$、$u_{\mathrm{N}}$ ——线路两端对地电压；

$\quad\quad i_{\mathrm{M}}$、$i_{\mathrm{N}}$ ——线路两端电流；

$\quad\quad \dfrac{\mathrm{d} i_{\mathrm{M}}}{\mathrm{d} t}$、$\dfrac{\mathrm{d} i_{\mathrm{N}}}{\mathrm{d} t}$ ——线路两端电流微分值；

$\quad\quad i_{\mathrm{f}}$ ——故障点电流。

根据节点电流定律可知：

$$i_{\mathrm{f}} = i_{\mathrm{M}} + i_{\mathrm{N}} \qquad (5\text{-}6)$$

为了消除过渡电阻的影响，充分利用两端电气量信息，将两端暂态电压作差得到两端暂态电压差 $\Delta u_{\mathrm{MN}}$：

$$\begin{aligned} \Delta u_{\mathrm{MN}} &= u_{\mathrm{M}} - u_{\mathrm{N}} \\ &= R_{\mathrm{M}} i_{\mathrm{M}} - R_{\mathrm{N}} i_{\mathrm{N}} + L_{\mathrm{M}} \frac{\mathrm{d} i_{\mathrm{M}}}{\mathrm{d} t} - L_{\mathrm{N}} \frac{\mathrm{d} i_{\mathrm{N}}}{\mathrm{d} t} + L_{\mathrm{M0}} \frac{\mathrm{d} i_{\mathrm{M}}}{\mathrm{d} t} - L_{\mathrm{N0}} \frac{\mathrm{d} i_{\mathrm{N}}}{\mathrm{d} t} \end{aligned} \qquad (5\text{-}7)$$

对于长度为 $l$ 的直流线路，线路单位电阻 $R_{\mathrm{U}}$ 和单位电感 $L_{\mathrm{U}}$ 已知，因而线路等效总电阻和电感值可表示为：

$$R_l = R_{\mathrm{M}} + R_{\mathrm{N}} = R_{\mathrm{U}} \cdot l \qquad (5\text{-}8)$$

$$L_l = L_{\mathrm{M}} + L_{\mathrm{N}} = L_{\mathrm{U}} \cdot l \qquad (5\text{-}9)$$

对式（5-7）进行化简得到：

$$\Delta u_{MN} = R_M (i_M + i_N) + L_M \left( \frac{di_M}{dt} + \frac{di_N}{dt} \right) + L_{M0} \frac{di_M}{dt} -$$

$$L_{N0} \frac{di_N}{dt} - R_l i_N - L_l \frac{di_N}{dt} \tag{5-10}$$

同时故障点距离 Node1 端的线路等效电阻和电感可以由单位电阻和单位电感表示：

$$R_M = R_U \cdot d \tag{5-11}$$

$$L_M = L_U \cdot d \tag{5-12}$$

则式（5-10）可以表示为：

$$\Delta u_{MN} = d \cdot R_U (i_M + i_N) + d \cdot L_U \left( \frac{di_M}{dt} + \frac{di_N}{dt} \right) + L_{M0} \frac{di_M}{dt} -$$

$$L_{N0} \frac{di_N}{dt} - l \cdot R_U i_N - l \cdot L_U \frac{di_N}{dt} \tag{5-13}$$

进而得出故障距离计算值：

$$d = \frac{u_M - u_N - L_{M0} \dfrac{di_M}{dt} + L_{N0} \dfrac{di_N}{dt} + l \cdot R_U i_N + l \cdot L_U \dfrac{di_N}{dt}}{R_U (i_M + i_N) + L_U \left( \dfrac{di_M}{dt} + \dfrac{di_N}{dt} \right)} \tag{5-14}$$

根据式（5-14），通过对线路两端的电压及电流数据进行计算，可以得到故障距离值，只要该值满足小于线路的长度，则说明该故障为内部故障。其中，线路两端电流微分值 $\frac{di_M}{dt}$ 和 $\frac{di_N}{dt}$ 常利用两个电流采样点的差分值来进行代替：

$$\frac{di_M}{dt} = \frac{i_M(n+1) - i_M(n)}{T_s} \tag{5-15}$$

$$\frac{di_N}{dt} = \frac{i_N(n+1) - i_N(n)}{T_s} \tag{5-16}$$

上述替代会带来误差。为了得到较高的精度，系统需要较高的采样频率，这会增加硬件成本。这里对电流微分值的获取方法进行改进，如图 5-3 所示，在故障状态下，电流通过限流电抗会产生电压降：

$$U_{M0} = L_{M0} \frac{di_M}{dt} \tag{5-17}$$

$$U_{N0} = L_{N0} \frac{\mathrm{d}i_N}{\mathrm{d}t} \tag{5-18}$$

式中，$L_{M0}$ 和 $L_{N0}$ 分别为直流线路两端所安装的限流电抗；$U_{M0}$ 和 $U_{N0}$ 分别为直流线路两端限流电抗的压降。

对式（5-17）和式（5-18）进行变换可得：

$$\frac{\mathrm{d}i_M}{\mathrm{d}t} = \frac{U_{M0}}{L_{M0}} \tag{5-19}$$

$$\frac{\mathrm{d}i_N}{\mathrm{d}t} = \frac{U_{N0}}{L_{N0}} \tag{5-20}$$

限流电抗的电压降和故障电流的微分值成正比关系，因此通过测量限流电抗的电压 $U_{M0}$ 和 $U_{N0}$，可直接实时准确地计算故障电流微分值，从而得到故障距离计算的最终表达式：

$$d = \frac{u_M - u_N - U_{M0} + U_{N0} + l \cdot R_U i_N + l \cdot L_U \dfrac{U_{N0}}{L_{N0}}}{R_U(i_M + i_N) + L_U \left( \dfrac{U_{M0}}{L_{M0}} + \dfrac{U_{N0}}{L_{N0}} \right)} \tag{5-21}$$

在每个采样时刻通过计算都可得到一个故障距离值。由于直流线路较短，分布电容的影响很小，在故障初期得到的故障距离计算值与真实值偏差很小，计算值可以快速收敛，以此作为保护判据，能快速识别故障。式（5-21）同时也是单极接地故障距离计算的最终表达式，其推导过程与极间故障一致。与极间故障的区别仅为故障点对地电势 $u_0$ 为零，在利用两端暂态电压作差时，已消除极间和接地故障差别的影响。

## 5.2.2　线路综合保护方案

线路综合保护方案包含限流电抗参数选择与保护整定两个环节。首先根据线路故障电气量特性、断路器开断能力与保护动作时限确定限流电抗的参数，该参数会影响保护整定环节中故障后限流电抗电压水平和故障电压变化率门槛值的设定；然后在此基础上进行故障动作判据的整定。

### 5.2.2.1　限流电抗参数选择

限流电抗能够有效抑制故障电流，削弱故障的影响，延长电容放电时间，对电力电子装置的保护起到有益作用。出于技术经济性角度考虑，限流电抗的参数需要进行优化选择，需要保证故障电流峰值小于直流断路器开断电流，同时电容电压下降为零的时间大于保护动作时间，即需要满足约束条件：

$$\begin{cases} I_{\max} < I_{CB\max} \\ t_{\max} > t_F + t_{CB} \end{cases} \tag{5-22}$$

式中　$I_{\max}$——故障电流峰值；

　　　$I_{CB\max}$——断路器开断电流值；

　　　$t_{\max}$——电容电压下降为零的时间；

　　　$t_F$——故障判别的时间；

　　　$t_{CB}$——直流断路器开断时间。

以直流线路发生最严重故障进行考虑，即直流线路始端发生故障（$R_x$ 与 $L_x$ 为零），此时故障电流峰值为：

$$I_{\max} = \sqrt{I_0^2 + \frac{U_0^2 C}{L_{\lim}}} \tag{5-23}$$

根据断路器开断能力进行整定：

$$I_{CB\max} = K_r I_{\max} = K_r \sqrt{I_0^2 + \frac{U_0^2 C}{L_{\lim}}} \tag{5-24}$$

式中　$K_r$——可靠系数，可取 1.1；

　　　$U_0$、$I_0$——直流线路的电压和电流额定值；

　　　$C$——直流侧并联电容值。

通过该式可以得到限流电抗器的初始数值。确定限流电抗器的初始数值后，将该值代入式（5-24）进行计算，得到电容电压下降为零的时间 $t_{\max}$，校验该值是否满足 $t_{\max} > t_F + t_{CB}$；如未满足保护动作时间校验要求，则适当提高可靠系数值，直至满足保护动作时间要求。因此，应当在满足约束条件的基础上，在一定裕度下选择尽量小的限流电抗数值。

### 5.2.2.2　线路综合保护整定

故障发生后，电压会迅速跌落，以图 5-3 所设定电压、电流正方向为基准，线路安装限流电抗参数相同，故障发生后，故障线路两端限流电抗电压值都为正值，而非故障线路两端限流电抗电压值互为相反数。以此作为故障启动判据：

$$\begin{cases} \left|\dfrac{\mathrm{d}u}{\mathrm{d}t}\right| > \Delta u_{set} \\ \left|U_{M0} + U_{N0}\right| > \max\left\{\left|U_{M0}\right|, \left|U_{N0}\right|\right\} \end{cases} \tag{5-25}$$

式中　$\left|\dfrac{\mathrm{d}u}{\mathrm{d}t}\right|$——电压变化率；

$U_{M0}$、$U_{N0}$——线路两端限流电抗电压；

$\Delta u_{set}$——门槛值。

定义故障距离均值 $d_{av}(t)$ 为：

$$d_{av}(t) = \frac{1}{n}\sum_{k=0}^{n-1} d(t-kT_s) \tag{5-26}$$

式中　$T_s$——数据采样周期；

$d(t)$——$t$ 时刻的故障位置计算值。

$t$ 时刻的故障距离均值 $d_{av}(t)$ 为 $t$ 时刻及前 $n-1$ 个点的故障位置计算量的平均值。出于对故障切除时间要求严格的考虑，在直流线路串入限流电抗之后，为保证保护动作的速动性，选取 3 ms 数据窗进行数据处理，数据窗随着采样点滑动。在一个数据窗中，连续得到的故障位置计算值 $d(t-kT_s)$ 满足相对误差连续小于 1%，则判断计算值收敛，进而把采用式（5-23）得到的故障距离均值定义为故障动作距离 $d_{op}(t)$。为了保证保护的选择性，保护的动作判据为：

$$d_{op}(t) \leqslant d_{set} \tag{5-27}$$

式中　$d_{op}(t)$——故障动作距离；

$d_{set}$——保护定值。

考虑到线路两端都装有限流电抗，增加了电气距离，保护定值设定为线路全长的 95%。

基于限流电抗的线路综合保护方案流程如图 5-4 所示。由线路故障电气量特性、断路器开断能力与保护动作时限选择限流电抗参数，进而设定保护启动判据电压变化率门槛值，以电压变化率及限流电抗暂态电压为启动判据，当满足设定的门槛值时，才开始相应的故障动作距离计算。

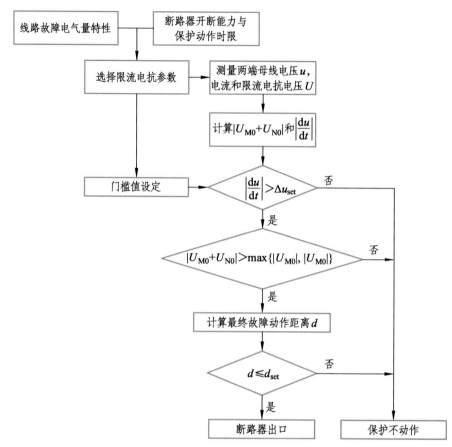

图 5-4　线路综合保护方案流程

## 5.2.3　仿真验证

本节搭建了直流升压汇集接入系统模型，相关仿真模型系统参数如表 5-1 所示。保护装置采样频率为 2 kHz，故障动作距离计算的数据窗设置为 3 ms，并且随着采样点进行滑动。设置不同条件下的故障，通过仿真验证保护方法的正确性。

表 5-1　仿真系统参数

| 参　　数 | 数　　值 |
|---|---|
| 光伏容量/MW | 0.5 |
| 第 1 级直流线路/km | 0.8 |
| 第 2 级直流线路/km | 4 |

| 参　　数 | 数　　值 |
| --- | --- |
| 直流线路单位电阻 / (Ω/km) | 0.112 |
| 直流线路单位电感 / (mH/km) | 0.57 |
| 直流线路单位对地电容 / (μF/km) | 0.1 |

### 5.2.3.1　故障仿真

（1）极间故障。在距离 Node1 端 0.2 km 的直流线路上设置极间故障 $F_1$，故障发生在 $t=1$ s 时刻。利用上述线路综合保护方法得到极间故障距离均值，如图 5-5 所示。图中同时给出了用电流差分量代替微分量的传统方法的计算结果。从图中可以看出，所提线路综合保护方法能够快速响应线路极间故障，计算得到故障动作距离，实现线路保护。在故障发生初期，传统方法得到的故障距离均值偏离真实值，在故障发生 40 ms 之后才逐渐稳定在真实值附近。

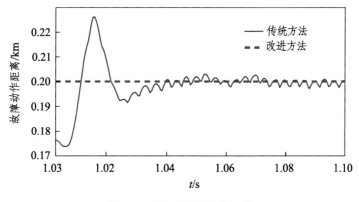

图 5-5　极间故障距离均值

（2）接地故障。在距离 Node1 端 0.4 km 的直流线路上设置正极接地故障 $F_2$，过渡电阻为 0.5 Ω，得到的故障距离均值仿真结果如图 5-6 所示。由图可知，在接地故障发生之后，该保护方法能够快速计算得到故障距离，实现线路保护。传统方法在故障发生初期故障距离计算误差较大，在故障发生 5 ms 之后计算得到故障距离均值开始在真实值附近波动。

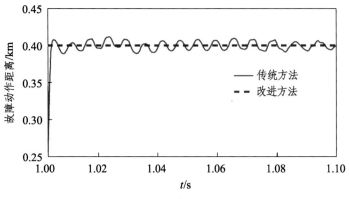

图 5-6　接地故障距离均值

（3）故障影响因素。在直流线路不同位置、不同过渡电阻下设置极间和接地故障，考察线路综合保护方法的动作情况，并与未改进电流微分量获取的传统方法进行比较。故障条件和仿真结果如表 5-2 所示，其中，距离为故障位置到 Node1 的距离，$R_g$ 为过渡电阻。误差计算采用公式：

$$E\% = \frac{d - d_{\text{real}}}{d_{\text{real}}} \times 100\% \qquad （5-28）$$

式中　$d$ ——线路故障距离计算结果；

　　　　$d_{\text{real}}$ ——故障距离实际值。

表 5-2　不同故障条件下区内故障仿真结果

| 故障类型 | 距离/km | 过渡电阻 $R_g$ /Ω | 传统方法 测距/km | 误差/% | 改进方法 测距/km | 误差/% | 结果 |
|---|---|---|---|---|---|---|---|
| 接地故障 | 0.1 | 0 | 0.089 4 | −10.70 | 0.100 1 | 0.10 | 动作 |
|  |  | 0.1 | 0.079 1 | −30.90 | 0.100 2 | 0.20 | 动作 |
|  |  | 2 | 0.093 8 | −7.20 | 0.100 3 | 0.30 | 动作 |
|  | 0.4 | 0 | 0.383 5 | −4.13 | 0.399 9 | −0.03 | 动作 |
|  |  | 0.1 | 0.372 7 | −9.35 | 0.399 9 | −0.03 | 动作 |
|  |  | 2 | 0.390 8 | −2.30 | 0.399 9 | −0.03 | 动作 |
|  | 0.7 | 0 | 0.778 3 | −3.10 | 0.799 9 | −0.01 | 动作 |
|  |  | 0.1 | 0.755 8 | −7.31 | 0.799 9 | −0.01 | 动作 |
|  |  | 2 | 0.787 4 | −1.94 | 0.799 8 | −0.03 | 动作 |

| 故障类型 | 距离/km | 过渡电阻 $R_g$ /Ω | 传统方法 测距/km | 误差/% | 改进方法 测距/km | 误差/% | 结果 |
|---|---|---|---|---|---|---|---|
| 极间故障 | 0.1 | 0 | 0.089 4 | − 10.70 | 0.100 1 | 0.10 | 动作 |
|  |  | 0.1 | 0.078 5 | − 21.5 | 0.100 1 | 0.10 | 动作 |
|  |  | 2 | 0.075 7 | − 34.30 | 0.100 4 | 0.40 | 动作 |
|  | 0.4 | 0 | 0.383 7 | − 4.10 | 0.399 9 | − 0.03 | 动作 |
|  |  | 0.1 | 0.372 4 | − 7.90 | 0.400 0 | 0.00 | 动作 |
|  |  | 2 | 0.353 3 | − 11.78 | 0.400 0 | 0.00 | 动作 |
|  | 0.7 | 0 | 0.778 5 | − 3.07 | 0.799 9 | − 0.01 | 动作 |
|  |  | 0.1 | 0.777 7 | − 4.77 | 0.799 9 | − 0.01 | 动作 |
|  |  | 2 | 0.740 9 | − 8.44 | 0.799 8 | − 0.03 | 动作 |

从表 5-2 中可以看出，在仿真中，采样率不高，因而利用差分替代微分的方法误差较大，故障动作距离受故障类型和过渡电阻的影响很大。采用改进方法大大提高了故障动作距离的精度，从而可实现保护快速准确的动作，适用于不同故障位置的极间和接地故障，基本不受过渡电阻的影响。

### 5.2.3.2　误差分析

本节采用的保护方法需要利用双端电气量信息，两端数据不同步，会降低故障动作距离计算的准确度。设置直流线路上距离 Node1 端 0.4 km 处发生极间故障，两端数据相差一个采样周期 0.5 ms，得到故障动作距离结果，如图 5-7 所示。

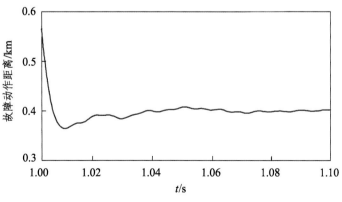

图 5-7　数据不同步下故障距离均值

从图 5-7 中可以看出，两端数据不同步会给故障距离均值的计算带来误差，计算得到的故障动作距离会偏离故障真实距离。为了研究数据不同步对保护的影响，在直流线路上设置不同条件的故障，故障条件和仿真结果如表 5-3 所示。其中，两端数据相差一个采样周期 0.5 ms，故障距离为故障位置到 Node1 的长度，$R_g$ 为过渡电阻，$d$ 为故障动作距离结果，运用公式（5-27）进行误差计算。

表 5-3　不同故障条件下数据不同步仿真结果

| 故障类型 | 故障距离/km | 过渡电阻 $R_g$ /Ω | 测距结果 $d$/km | 测距误差/% | 结果 |
|---|---|---|---|---|---|
| 接地故障 | 0.1 | 0 | 0.100 0 | 0.00 | 动作 |
| | | 0.1 | 0.088 8 | −11.2 | 动作 |
| | | 2 | 0.091 2 | −8.80 | 动作 |
| | 0.4 | 0 | 0.399 9 | −0.03 | 动作 |
| | | 0.1 | 0.357 3 | −10.93 | 动作 |
| | | 2 | 0.384 2 | −3.95 | 动作 |
| | 0.7 | 0 | 0.700 0 | 0.00 | 动作 |
| | | 0.1 | 0.751 8 | 7.40 | 动作 |
| | | 2 | 0.775 8 | −3.47 | 动作 |
| 极间故障 | 0.1 | 0 | 0.099 8 | −0.20 | 动作 |
| | | 0.1 | 0.103 1 | 3.10 | 动作 |
| | | 2 | 0.103 7 | 3.70 | 动作 |
| | 0.4 | 0 | 0.399 8 | −0.05 | 动作 |
| | | 0.1 | 0.427 0 | 7.75 | 动作 |
| | | 2 | 0.379 2 | −5.20 | 动作 |
| | 0.7 | 0 | 0.799 9 | −0.01 | 动作 |
| | | 0.1 | 0.727 1 | 3.87 | 动作 |
| | | 2 | 0.777 5 | −3.37 | 动作 |

从表 5-3 中可以看出，在金属性故障条件下，数据不同步对故障动作距离的影响很小，且不受故障类型和位置的影响。对于接地故障，故障发生距离越短，数据不同步对故障动作距离计算误差的影响越大，随着过渡电阻增大，数据不同步带来的误差有先增后减的趋势；对于极间故障，不同故障条件下，数据不同步带来的计算误差差异较小，故障发生在线路中点时，计算误差最大，越往线路两端，计算误差反而减小。

从仿真结果可知，接地故障发生在 0.7 km 处，过渡电阻为 0.1 Ω，此时得到的故障动作距离为 0.751 8 km，接近线路长度 95%的保护临界值，由此可知，数据不同步会缩短保护范围，但并不影响该范围内保护的正确动作。

综上所述，基于限流电抗的线路综合保护方法能够有效实现线路保护，能够不受故障类型、位置和过渡电阻的影响，快速识别和隔离故障，并得到故障发生的位置信息。同时，该保护方法受数据不同步影响小，通过与后备保护配合可消除数据不同步带来的拒动风险。

## 5.3　基于自定义差分电流的高压直流线路纵联保护

### 5.3.1　自定义差分电流构建及其特性分析

由第 3 章光伏直流升压汇集系统交、直流侧故障特性分析可知：单极接地故障时，直流正、负极线路电压突变，直流正、负极线路电流无明显变化；双极短路故障时，直流正、负极线路电压和电流均有较大变化。光伏直流升压汇集系统交、直流侧故障特性表示如下：

$$\begin{cases} i_{Kp} \approx i_{Mn} \approx -i_{Kn} \approx -i_{Mp} \\ u_{Kp} \approx u_{Mp} \approx -u_{Kn} \approx -u_{Mn} \end{cases} \quad \text{交流侧故障} \tag{5-29}$$

$$\begin{cases} i_{Kp} = i_{Mn} = I_{DC} \\ i_{Kn} = i_{Mp} = -I_{DC} \\ u_{Kp} = u_{Mp} = 0 \\ u_{Kn} = u_{Mn} = -U_{DC} \end{cases} \quad \text{正极接地故障} \tag{5-30}$$

$$\begin{cases} i_{Kp} = i_{Mn} = I_{DC} \\ i_{Kn} = i_{Mp} = -I_{DC} \\ u_{Kp} = u_{Mp} = U_{DC} \\ u_{Kn} = u_{Mn} = 0 \end{cases} \quad \text{负极接地故障} \tag{5-31}$$

$$\begin{cases} i_{Kp} = -i_{Kn} > 0 \\ i_{Mp} = -i_{Mn} > 0 \\ u_{Kp} = -u_{Kn} > 0 \\ u_{Mp} = -u_{Mn} > 0 \end{cases} \quad \text{双极短路故障} \tag{5-32}$$

故障时直流线路电压大幅下降，本节提出使用差分功率与电压之比构建自定义差分电流（Custom Differential Current，CDC），为光伏电站汇集升压接入系统的高压直流线路提供电流差动保护。自定义差分电流如式（5-33）所示：

$$\begin{cases} I_{KM} = \dfrac{u_{Kp}i_{Kp} + u_{Mn}i_{Mn}}{(u_{Kp} - u_{Mn})/2} \\ I_{MK} = \dfrac{u_{Mp}i_{Mp} + u_{Kn}i_{Kn}}{(u_{Mp} - u_{Kn})/2} \end{cases} \tag{5-33}$$

光伏电站直流升压汇集接入系统正常稳态运行和交流侧故障时有：

$$\begin{cases} I_{KM} = 0 \\ I_{MK} = 0 \end{cases} \tag{5-34}$$

系统正极接地故障时有：

$$\begin{cases} I_{KM} = -2I_{DC} \\ I_{MK} = 2I_{DC} \end{cases} \tag{5-35}$$

系统负极接地故障时有：

$$\begin{cases} I_{KM} = 2I_{DC} \\ I_{MK} = -2I_{DC} \end{cases} \tag{5-36}$$

系统双极短路故障时有：

$$\begin{cases} I_{KM} = \dfrac{u_{Kp}i_{Kp} + u_{Mp}i_{Mp}}{(u_{Kp} + u_{Mp})/2} = 2[\alpha i_{Kp} + (1-\alpha)i_{Mp}] > 0 \\ I_{MK} = \dfrac{u_{Mp}i_{Mp} + u_{Kp}i_{Kp}}{(u_{Mp} + u_{Kp})/2} = 2[\alpha i_{Kp} + (1-\alpha)i_{Mp}] > 0 \end{cases} \tag{5-37}$$

式中，$\alpha = u_{Kp}/(u_{Kp} + u_{Mp})$，$0 < \alpha < 1$。

以上结果表明，光伏电站直流升压汇集接入系统正常稳态运行或交流侧故障时CDC 近似为零，系统直流线路正极接地、负极接地和双极短路故障时 CDC 值不为零且正、负性有显著差异。根据 CDC 特征，构造保护判据实现直流线路故障检测和类型识别，提出基于 CDC 的高压直流输电线路纵联保护方法。

## 5.3.2　基于自定义差分电流的高压直流线路纵联保护

由 5.3.1 节自定义差分电流特性分析可知，利用自定义差分电流 $I_{KM}$ 和 $I_{MK}$ 可以检测直流线路单极接地故障和双极短路故障。

### 5.3.2.1　直流侧故障判据

自定义差分电流 $I_{KM}$ 和 $I_{MK}$ 通过滑动平均滤波处理后的输出为：

$$\begin{cases} I_{KM\_f}(k)=\dfrac{1}{N}\displaystyle\sum_{j=k-(N-1)}^{k} I_{KM}(j) \\ I_{MK\_f}(k)=\dfrac{1}{N}\displaystyle\sum_{j=k-(N-1)}^{k} I_{MK}(j) \end{cases} \tag{5-38}$$

式中，为了快速有效地滤除高频分量，$N$ 取 5 ms 内采样点数。

基于滑动平均滤波处理后的自定义差分电流，直流侧故障判据可表示为：

$$\left| I_{KM\_f} \right| > I_{set} \,\&\, \left| I_{MK\_f} \right| > I_{set} \tag{5-39}$$

式中，$I_{set}$ 为设定门槛值，考虑到自定义差分电流在直流线路故障时具有较大幅值，$I_{set}$ 可以整定为较大的值以保证保护可靠性。本节 $I_{set}$ 取值为 $0.2I_{DC}$，$I_{DC}$ 是直流升压汇集接入系统正常稳态运行时的直流线路电流。

### 5.3.2.2　直流侧故障类型判据

由 5.3.1 节故障特性分析可以看出，自定义差分电流 $I_{KM}$ 和 $I_{MK}$ 在系统直流侧正极接地故障、负极接地故障和双极短路故障下具有明显不同的正、负组合。如果 $I_{KM}$ 为负值、$I_{MK}$ 为正值，则可判定系统直流线路发生正极接地故障；如果 $I_{KM}$ 为正值、$I_{MK}$ 为负值，则可判定系统直流线路发生负极接地故障；如果 $I_{KM}$ 和 $I_{MK}$ 均为正值，则可判定系统直流线路发生双极短路故障。因此，故障类型识别判据可表示为：

$$\begin{cases} I_{KM\_f} < -I_{set} \,\&\, I_{MK\_f} > I_{set}, & \text{正极接地故障} \\ I_{KM\_f} > I_{set} \,\&\, I_{MK\_f} < -I_{set}, & \text{负极接地故障} \\ I_{KM\_f} > I_{set} \,\&\, I_{MK\_f} > I_{set}, & \text{双极短路故障} \end{cases} \tag{5-40}$$

### 5.3.2.3　保护原理框图

综上分析，利用自定义差分电流构造出光伏电站直流汇集输电线路保护原理，其逻辑框图如图 5-8 所示。交流侧故障时，不满足直流侧故障判据，保护不动作；直流侧故障时，直流侧故障判据成立，然后通过故障类型识别判据进行故障类型识别，保护正确动作。

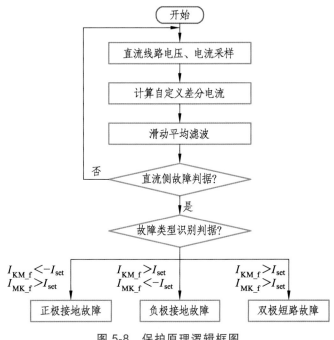

图 5-8　保护原理逻辑框图

## 5.3.3　仿真验证

基于搭建的系统仿真模型，对所提保护原理进行仿真验证。系统故障时刻为 $t = 0.1\,\text{s}$，交流侧故障持续时间为 0.05 s，单极接地故障持续时间为 0.1 s，双极短路故障被设为永久故障，数据采样频率为 20 kHz。

### 5.3.3.1　故障仿真

如表 5-4 所示列出了所提保护在系统正常稳态运行下，换流变压器网侧各类故障时的动作情况，其中故障过渡电阻均被设置为 0，表中 $I_{\text{max1}}$ 为故障后 $I_{\text{KM\_f}}$ 的绝对值最大值，$I_{\text{max2}}$ 为故障后 $I_{\text{MK\_f}}$ 的绝对值最大值。特别地，图 5-9 详细给出了整流站换流变压器网侧发生两相金属性短路故障时的仿真结果。由交流侧故障仿真结果可知，故障时自定义差分电流幅值小于保护设定门槛值（$I_{set} = 0.2$ kA），不满足直流侧故障判据，所提保护在系统交流侧各种故障下均能可靠不动作。

表 5-4　交流侧故障仿真结果

| 故障类型 | 故障位置 | 过渡电阻/Ω | $I_{max1}$/kA | $I_{max2}$/kA | 保护结果 |
|---|---|---|---|---|---|
| A 相接地 | $f_1$ | 0 | 0.03 | 0.03 | 不动作 |
| | $f_2$ | 0 | 0.05 | 0.05 | 不动作 |
| AB 两相接地 | $f_1$ | 0 | 0.05 | 0.05 | 不动作 |
| | $f_2$ | 0 | 0.08 | 0.08 | 不动作 |
| AB 两相短路 | $f_1$ | 0 | 0.05 | 0.05 | 不动作 |
| | $f_2$ | 0 | 0.07 | 0.07 | 不动作 |
| ABC 三相短路 | $f_1$ | 0 | 0.07 | 0.07 | 不动作 |
| | $f_2$ | 0 | 0.11 | 0.11 | 不动作 |

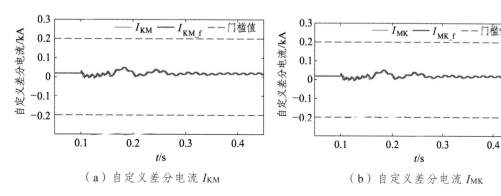

（a）自定义差分电流 $I_{KM}$　　　　　　（b）自定义差分电流 $I_{MK}$

图 5-9　交流侧两相金属性短路故障保护动作图

图 5-10 给出了系统正常稳态运行下直流线路发生单极接地故障和双极短路故障时的仿真结果，其中，故障位置设定在距离整流端 10 km 处，故障过渡电阻被设置为 0。由直流侧故障仿真结果可知，故障时自定义差分电流变化与先前分析结果基本一致，滑动平均滤波有效衰减了自定义差分电流的高频成分，所提保护可靠动作并可识别故障类型。

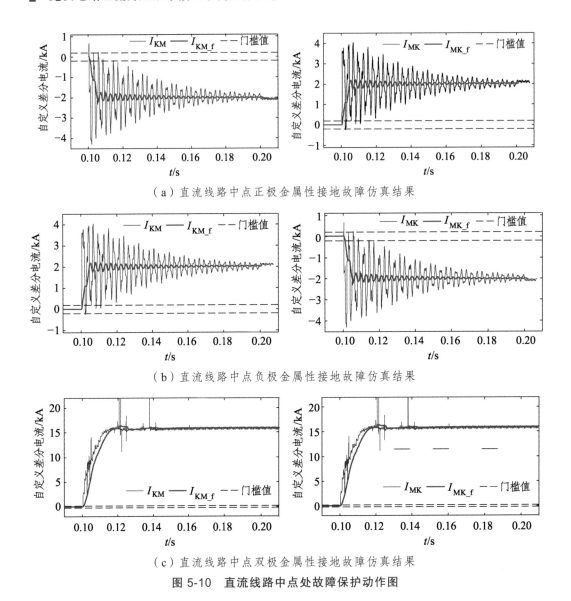

（a）直流线路中点正极金属性接地故障仿真结果

（b）直流线路中点负极金属性接地故障仿真结果

（c）直流线路中点双极金属性接地故障仿真结果

**图 5-10　直流线路中点处故障保护动作图**

## 5.3.3.2　对比分析

本节对比分析了电流差动保护和所提自定义差分电流保护的性能。如图 5-11 和图 5-12 所示，分别给出了不同保护在直流线路中点经 0 Ω、500 Ω 过渡电阻发生正极接地故障和双极短路故障时的仿真结果。其中，直流线路长度为 20 km。为方便对比分析，图中各量均被转换为标幺值，其中差分电流和自定义差分电流的基准值为 $I_b = 1$ kA，差分功率的基准值为 $P_b = I_b U_b = 20$ MW。

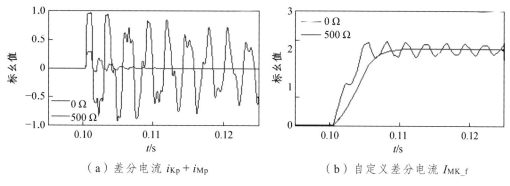

（a）差分电流 $i_{\mathrm{Kp}} + i_{\mathrm{Mp}}$　　　　（b）自定义差分电流 $I_{\mathrm{MK\_f}}$

图 5-11　直流线路中点正极接地故障保护动作图

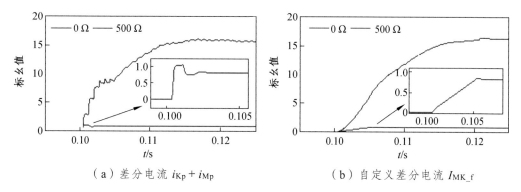

（a）差分电流 $i_{\mathrm{Kp}} + i_{\mathrm{Mp}}$　　　　（b）自定义差分电流 $I_{\mathrm{MK\_f}}$

图 5-12　直流线路中点双极短路故障保护动作图

综合对比分析图 5-11 和图 5-12 可知，电流差动保护适合于直流线路故障检测，但在单极高阻接地故障下可靠性不足。本节所提自定义差分电流保护适用于单极接地故障和双极短路故障，具有较高的耐过渡电阻能力。

## 5.4　高频交流阻抗差动保护

### 5.4.1　直流升压系统高频交流侧故障特性分析

MMC-DC/DC 的高频交流侧故障分为两种：一种是相间故障，另一种是接地故障。由于连接 MMC-DC/AC 与 MMC-AC/DC 的线路较短，同时因高频隔离变压器故障电流值相对较小，因此，可考虑利用高频阻抗对高频交流侧进行保护。在应用阻抗保护前，需要对相关保护原理进行分析和改进，以提高其在 MMC-DC/DC 中的保护性能。阻抗作为描述电力系统运行状态的重要电气量之一，可直接反映故障位置。基于先进测量技术和测量装置，将阻抗引入直流升压系统的保护方案是一个重要方向。

如图 5-13 所示为简化的 MMC-DC/DC 系统，包含 MMC-DC/AC、连接线路、高频变压器、MMC-AC/DC。其中，$Z_{RA}$、$Z_{RB}$ 分别表示 MMC-DC/DC 两侧的测量阻抗，$Z_{RB}$ 是经变压器变比折算后的阻抗，它们直接反映了流过保护安装处的有功功率和无功功率信息。假设电流和功率的正方向均为母线流入馈线的方向。测量阻抗与线路的运行状态密切相关，$f$ 表示系统中发生的相间或接地故障。表 5-5 列出了不同运行状态两侧保护的测量阻抗，该测量阻抗对应高频下的实测数据。

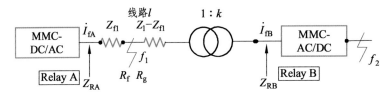

图 5-13　MMC-DC/DC 故障分析图

表 5-5　不同故障下的测量阻抗

| 系统状态 | $Z_{RA}$ | $Z_{RB}$ |
|---|---|---|
| 正常运行 | $Z_{l1} + Z_{B2}$ | $-Z_{B2}$ |
| 故障 $f_1$ | $Z_{f1}$ | $Z_1 - Z_{f1}$ |

注：$Z_{l1}$ 表示 MMC-DC/DC 线路测量阻抗；$Z_{f1}$ 表示 A 至故障点的线路阻抗。

发生带过渡电阻的区内故障时，测量阻抗 $Z_{RA}$ 和 $Z_{RB}$ 如下所示：

$$Z_{RA} = \begin{cases} Z_{f1} + \dfrac{\dot{I}_{fA} + \dot{I}_{fB}}{2\dot{I}_{fA}} R_f & \text{PPF} \\[3mm] Z_{f1} + \dfrac{\dot{I}_{fA} + \dot{I}_{fB}}{\dot{I}_{fA} + K_0 \dot{I}_{fA0}} R_g & \text{PGF} \end{cases} \tag{5-41}$$

$$Z_{RB} = \begin{cases} Z_1 - Z_{f1} + \dfrac{\dot{I}_{fA} + \dot{I}_{fB}}{2\dot{I}_{fB}} R_f & \text{PPF} \\[3mm] Z_1 - Z_{f1} + \dfrac{\dot{I}_{fA} + \dot{I}_{fB}}{\dot{I}_{fB} + K_0 \dot{I}_{fB0}} R_g & \text{PGF} \end{cases} \tag{5-42}$$

式中　$\dot{I}_{fA}$、$\dot{I}_{fB}$——流过 Relay A 和 Relay B 的故障电流；

$\dot{I}_{fA0}$、$\dot{I}_{fB0}$——流过 Relay A 和 Relay B 的零序电流分量；

$K_0$——零序电流补偿系数；

$Z_{f1}$——Relay A 至故障点的线路阻抗；

PPF、PGF——相间故障和单相接地故障；

$R_f$、$R_g$——PPF 和 PGF 过渡电阻。

由表 5-5 及式（5-41）、式（5-42）可以看出，测量阻抗在正常运行、区内故障和区外故障时差别较大。对于单端电源馈线，不同运行状态下测量阻抗相对简单，因为过渡电阻只影响测量阻抗的实部。而对于双端电源馈线，不同运行状态下测量阻抗要复杂得多，它的实部和虚部均与故障类型、故障电流和过渡电阻相关。对于金属性故障，测量阻抗只包含线路阻抗，通常较小。随着过渡电阻的增大，测量阻抗会出现先增后减的特性。

故障过渡电阻会带来额外的能量损失，利用阻抗构成的差动保护原理可对这类能量损失进行大致估计。类比于电流差动保护，可将馈线两端测量阻抗相加后减去馈线线路阻抗，并将其定义为差动阻抗。以图 5-13 为例，差动阻抗 $Z_{\text{diff}}$ 可由式（5-43）表示：

$$Z_{\text{diff}} = Z_{\text{RA}} + Z_{\text{RB}} - Z_l \tag{5-43}$$

内部故障时，差动阻抗包含过渡电阻分量，可用来构成保护判据。如图 5-13 所示，对于保护 Relay A 和 Relay B，当 $f$ 为区内故障，可得差动阻抗表达式如下：

$$Z_{\text{diff}} = \begin{cases} 0 & \text{Normal operation} \\ 0 & \text{External fault} s \\ \left(2 + \dfrac{\dot{I}_{\text{fA}}}{\dot{I}_{\text{fB}}} + \dfrac{\dot{I}_{\text{fB}}}{\dot{I}_{\text{fA}}}\right) R_f & \text{PPF} \\ (\dot{I}_{\text{fA}} + \dot{I}_{\text{fB}}) \left(\dfrac{1}{\dot{I}_{\text{fA}} + K\dot{I}_{\text{fA0}}} + \dfrac{1}{\dot{I}_{\text{fB}} + K\dot{I}_{\text{fB0}}}\right) R_g & \text{PGF} \end{cases} \tag{5-44}$$

当发生外部故障或者正常运行时，差动阻抗表达式如下：

$$Z_{\text{diff}} = 0 \tag{5-45}$$

由式（5-43）、式（5-44）可知，除金属性故障外，区内故障 $Z_{\text{diff}}$ 不会等于 0。如图 5-14 所示展示了差动阻抗和过渡电阻间变化的关系曲线。其中，$R_{f,c}$ 表示临界过渡电阻值，它将曲线划分为两个部分：左半部分表示差动阻抗随过渡电阻的增大而增加，右半部分表示差动阻抗随过渡电阻的增大而减小；$R_{\text{diff.max}}$ 表示过渡电阻 $R_{f,c}$ 所对应的最大差动阻抗值。$R_{\text{f.c}}$ 和 $R_{\text{diff.max}}$ 均受两侧电源容量的影响。因此，利用差动阻抗构成高频交流系统保护原理是可行的。

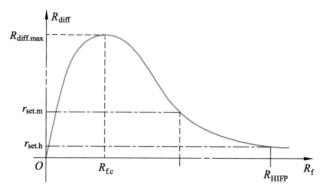

图 5-14　差动阻抗与过渡电阻的关系

差动阻抗也可以用来反映高阻接地故障。高阻接地时最小差动阻抗可表示为：

$$Z_{\text{diff.min}} = \frac{Z_{\text{L}}^2}{|Z_{\text{L}} + R_{\text{f}}|} \qquad (5\text{-}46)$$

由此，可得差动保护能检测的过渡电阻范围如下：

$$\left| \frac{Z_{\text{L}}^2}{Z_{\text{diff.min}}} - Z_{\text{L}} \right| \leqslant R_{\text{f}} \leqslant \left| \frac{Z_{\text{L}}^2}{Z_{\text{diff.min}}} + Z_{\text{L}} \right| \qquad (5\text{-}47)$$

由于 $Z_{\text{L}}$ 通常较大，差动阻抗保护具有较好的抗过渡电阻能力。

## 5.4.2　高频阻抗差动保护判据

如图 5-14 所示，可根据过渡电阻大小，将阻抗差动保护分为 3 段，即金属性故障段、中阻故障段及高阻故障段。为做简化，针对金属性故障、中阻故障及高阻故障的阻抗差动保护分别称为 SFP（Solid Fault Protection）、MIFP（Medium Impedance Fault Protection）和 HIFP（High Impedance Fault Protection）。

### 1. SFP

通常情况下，很难从差动阻抗上区分金属性区内故障和区外故障。在电流差动保护方案中，利用制动电流来防止区外故障时保护误动。类似地，制动阻抗也可以用来区分区内金属性故障与区外故障。由于在金属性故障或小电阻故障时，两端测量阻抗均呈感性，故可利用两端阻抗的差值来作制动阻抗。

SFP 的保护判据可表示为：

$$|Z_{\text{diff}} + Z_{l1}| \geqslant K_{\text{res}} |Z_{\text{RA}} - Z_{\text{RB}}| \tag{5-48}$$

式中，$K_{\text{res}}$ 为制动系数，其整定值可参考电流差动保护。

区外故障时，制动阻抗值要大于差动阻抗值。由表 5-6 计算可得差动阻抗和制动阻抗，从表中比较结果可知，动作判据（5-48）能动作于区内故障且在区外故障时严格不动作。

表 5-6　不同运行状态下 Relay A 的差动阻抗和制动阻抗

| 运行状态 | 差动阻抗 | 制动阻抗 | 比较结果 |
|---|---|---|---|
| 正常运行 | $Z_{l1}$ | $Z_{l1} + 2Z_{\text{B2}}$ | < |
| $f_1$ | $Z_{l1}$ | $2Z_{\text{f1}} - Z_{l1}$ | > |
| $f_2$ | $Z_{l1}$ | $2Z_{l1} + 2K_{\text{f2.A}}Z_{\text{RC}}$ | < |

判据（5-48）能够切除过渡电阻在 0 至 $R_{\text{SFP}}$ 之间的故障。随着过渡电阻的增大，$Z_{\text{RA}}$ 与 $Z_{\text{RB}}$ 间的角度差越来越大，将影响判据（5-48）的可靠性。从另一方面考虑，较大的过渡电阻也会使得差动阻抗值变大，因此可利用这个特点提出 MIFP 的保护判断。

2. MIFP

中阻故障时差动阻抗值相对较大，因此容易检测和动作。将差动阻抗值与整定值相比较即可作为中阻故障保护的判据，如下所示：

$$\begin{cases} Z_{\text{diff}} \geqslant r_{\text{set.m}} \\ t = t_{\text{set.m}} \end{cases} \tag{5-49}$$

式中，$r_{\text{set.m}}$ 表示 MIFP 的整定值；$t_{\text{set.m}}$ 表示 MIFP 的动作时间，可设为 0。

MIFP 的整定值直接决定着保护动作特性以及保护范围。$r_{\text{set.m}}$ 的整定值应严格计算，以使得 MIFP 有足够的保护范围。通常情况下，可通过将 $R_{\text{SFP}}$ 代入式（5-49）计算得到 $r_{\text{set.m}}$。MIFP 可切除过渡电阻在 $R_{\text{SFP}}$ 和 $R_{\text{MIFP}}$ 间的故障。

3. HIFP

HIFP 可切除直接接地系统发生的单相高阻接地故障。与 MIFP 的保护判据类同，HIFP 的保护判断可由式（5-50）表示：

$$\begin{cases} r_{\text{set.h}} \leqslant Z_{\text{diff}} < r_{\text{set.m}} \\ t = t_{\text{set.h}} \end{cases} \tag{5-50}$$

式中，$r_{\text{set.h}}$ 为差动阻抗的整定值；$t_{\text{set.h}}$ 为保护动作时间整定值。

可将电阻 $R_{HIFP}$ 代入式（5-50）计算得到 $r_{set.h}$，这个值应比最小负荷阻抗大。$t_{set.h}$ 应以接地方式为依据，根据配网规程进行整定。

## 5.4.3 仿真验证

为验证本节所提出的阻抗差动保护方案，在仿真中建立直流升压汇集接入系统。所用模型及参数与第 5 章前述系统相同，不再赘述。

本节以 MMC-DC/DC 高频交流部分为例，仿真验证阻抗差动保护的有效性。仿真中，制动系数 $K_{res}$ 取 0.9，$R_{SFP}$ 和 $R_{HIFP}$ 分别取输出阻抗的 50%以及 40 Ω。考虑到电网不同运行模式下短路容量不同，$r_{set.m}$ 的整定取决于最小差动阻抗。通过仿真，发生过渡电阻为 $R_{HIFP}$ 故障时，差动阻抗值为 0.11 Ω。为保证保护的可靠性，$r_{set.m}$ 和 $r_{set.h}$ 分别取 1 Ω和 0.1 Ω。

假设 MMC-DC/DC 高频交流系统于 0.5 s 发生故障，差动阻抗与制动阻抗如图 5-15 与表 5-7 所示。图 5-15 表明在正常运行时，制动阻抗大于差动阻抗；发生故障时，差动阻抗大于制动阻抗。表 5-7 为线路不同位置、不同过渡电阻情况下发生相间故障和接地故障所对应的差动阻抗和制动阻抗，表中 "*/*" 表示 "差动阻抗/制动阻抗"。从图 5-15 中可以看出，SFP 能够有效切除低阻故障。发生中阻相间故障（4 Ω）和高阻接地故障（40 Ω与100 Ω）的仿真结果如图 5-16 所示。由图可知，发生中阻故障时，差动阻抗迅速增大，满足判据（5-49）；经仿真验证 Relay A 和 Relay B 可检测过渡电阻为 100 Ω的高阻接地故障。

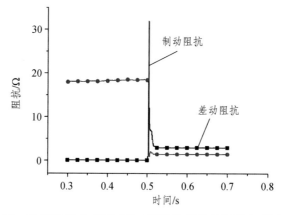

图 5-15　并网运行方式下 0.5 Ω相间故障差动阻抗与制动阻抗

表 5-7 低阻故障时差动阻抗和制动阻抗

| 故障类型 | 过渡电阻/Ω | 不同故障位置对应的差动阻抗和制动阻抗/Ω | | |
|---|---|---|---|---|
| | | 5% of Line | 50% of Line | 95% of Line |
| A 相接地故障 | 0.01 | 0.13/0.07 | 0.10/0.07 | 0.09/0.05 |
| | 0.5 | 2.39/0.99 | 2.11/0.30 | 2.01/0.21 |
| | 1 | 4.24/1.01 | 4.05/0.11 | 4.07/0.90 |
| | 2 | 7.72/1.72 | 9.59/2.24 | 9.11/4.70 |
| AB 相间故障 | 0.01 | 0.75/0.41 | 0.77/0.27 | 0.59/0.29 |
| | 0.5 | 4.47/1.74 | 3.97/0.75 | 3.77/0.27 |
| | 1 | 7.77/1.79 | 7.30/0.37 | 7.35/1.41 |
| | 2 | 13.90/2.55 | 15.10/3.97 | 17.17/9.12 |

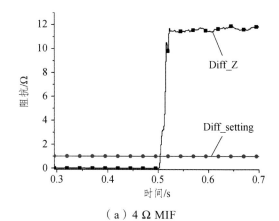

（a）4 Ω MIF

（b）40 Ω 和 100 Ω HIF

图 5-16 MIF 和 HIF 时测量阻抗

## 5.5　本章小结

　　本章针对光伏电站直流升压汇集接入系统的单元层，提出差动保护多端数据的自同步方案，实现直流升压汇集接入系统多端的自同步对时，随后提出了基于限流电抗的综合保护方法、基于自定义差分电流的差动保护方法以及高频交流阻抗差动保护发方法，为中低压线路、直流升压变换器等组成单元提供有效保护。

# 第 6 章

# 光伏电站直流升压汇集接入系统汇集层控保技术

## 6.1　基于功率量的汇集层纵联保护

光伏电站直流升压汇集接入系统的高压直流线路可配置第 5 章所提综合保护方案，但由于直流升压站与并网逆变站均采用 MMC，高压系统可不配置限流电抗器。对于采用直流侧接地方式的直流升压汇集接入系统，单极接地故障时直流线路故障电流不明显，直流线路电流差动保护因难以检测到差流而存在可靠性不足的缺陷。针对这一问题，提出一种基于功率量的光伏电站直流线路纵联保护原理，实现对故障的可靠判断和识别。本节首先定义直流升压站与并网逆变站不同极直流线路功率之和为差分功率，以此为保护特征量；继而分析差分功率在系统正常状态和故障状态下的特性异同；最后基于差分功率特性，构造保护判据，实现直流线路的故障检测和类型识别。

### 6.1.1　系统故障特性分析

本节将使用到第 3 章的部分结论，为方便叙述，这里再次给出第 3 章中进行故障特性分析的直流升压汇集系统示意图，如图 6-1 所示，同时再简要给出故障特性分析过程。图 6-1 中标示了设定的故障位置，分别为直流升压变换器交流侧故障 $f_1$、并网变换器交流侧故障 $f_2$ 和直流线路故障 $f_3$；$i_{Kp}$ 和 $i_{Mp}$ 为流过两端换流站正极线路保护安装处的电流；$i_{Kn}$ 和 $i_{Mn}$ 为流过两端换流站负极线路保护安装处的电流；$u_{Kp}$ 和 $u_{Mp}$ 为两端换流站正极线路保护安装处的电压；$u_{Kn}$ 和 $u_{Mn}$ 为两端换流站负极线路保护安装处的电压；$u_K$ 为直流升压站直流极间电压；电压和电流参考反向如图中箭头所示。

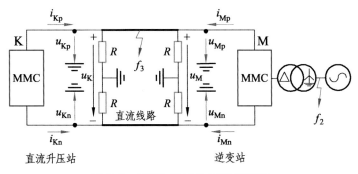

图 6-1　MMC 直流升压汇集系统

### 6.1.1.1　交流侧故障特性

由本书 3.1.2.1 节的分析可知，光伏直流升压汇集系统交流侧故障时两端换流站直流线路保护安装处的电流大致相等，直流升压站直流线路保护安装处的电压幅值虽大于逆变站直流线路保护安装处的电压幅值，但大致相等，即：

$$\begin{cases} i_{Kp} \approx i_{Mn} \approx -i_{Kn} \approx -i_{Mp} \\ u_{Kp} \approx u_{Mp} \approx -u_{Kn} \approx -u_{Mn} \end{cases} \tag{6-1}$$

### 6.1.1.2　直流侧故障特性

#### 1. 单极接地故障

采用直流侧接地方式的光伏直流升压汇集系统，其直流侧使用箝位大电阻构造接地点，为避免因箝位电阻产生较大的运行损耗，箝位电阻一般取较大阻值。如图 6-2 所示，由于直流侧箝位大电阻的存在，光伏直流升压汇集系统单极接地故障时理论上仅导致直流系统零电位点发生转移（由图中 $A$ 点转移至 $B$ 点）。

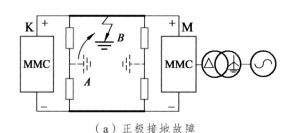

（a）正极接地故障

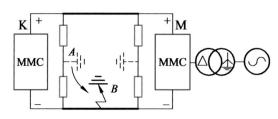

（b）负极接地故障

图 6-2　单极接地故障机理

由本书 3.3.1.1 节的分析可知，直流侧在光伏直流升压汇集系统正常稳态运行时的等效电路如图 6-3（a）所示，单极接地故障时直流侧故障叠加网络如图 6-3（b）所示。$U_f$ 为故障前故障点的稳态电压；$R_f$ 为故障处过渡电阻；$L_e$ 为变换器等效电感。

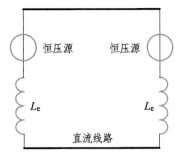

（a）正常运行时直流侧等效电路

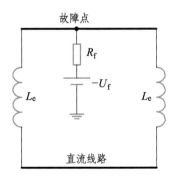

（b）单极接地故障时直流侧故障叠加网络

**图 6-3　直流侧等效网络**

正极接地故障时两端换流站正极线路保护安装处的电压降至零，负极线路保护安装处的电压上升一倍，流过两端换流站直流线路保护安装处的电流无变化，如式（6-2）所示；负极接地故障时两端换流站负极线路保护安装处的电压降至零，正极线路保护安装处的电压上升一倍，流过两端换流站直流线路保护安装处的电流无变化，如式（6-3）所示。

$$\begin{cases} i_{Kp} = i_{Mn} = I_{DC} \\ i_{Kn} = i_{Mp} = -I_{DC} \\ u_{Kp} = u_{Mp} = 0 \\ u_{Kn} = u_{Mn} = -U_{DC} \end{cases} \quad (6\text{-}2)$$

$$\begin{cases} i_{Kp} = i_{Mn} = I_{DC} \\ i_{Kn} = i_{Mp} = -I_{DC} \\ u_{Kp} = u_{Mp} = U_{DC} \\ u_{Kn} = u_{Mn} = 0 \end{cases} \tag{6-3}$$

式中，$U_{DC}$ 和 $I_{DC}$ 分别为系统正常稳态运行时直流极间电压和直流线路电流。

### 2. 双极短路故障

由本书 3.3.1.2 节的分析可知，图 6-4 所示为 MMC 一相单元子模块电容器向故障点放电的等效电路，求得放电回路电流如下：

$$i_j = e^{-t/\tau} \left[ U_{DC} \sqrt{\frac{C}{nL}} \sin(\omega t) + I_j \cos(\omega t) \right], \quad j = a, b, c \tag{6-4}$$

$$\omega = \frac{1}{2} \sqrt{\frac{n}{LC} - \left( \frac{R_{stray}}{2L} \right)^2} \tag{6-5}$$

$$\tau = \frac{4L}{R_{stray}} \tag{6-6}$$

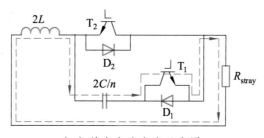

（a）放电电流方向示意图

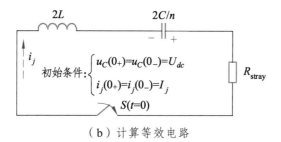

（b）计算等效电路

图 6-4　MMC 一相单元子模块电容器放电等效电路

逆变站直流正极线路电流为：

$$i_{\text{DC}} = \sum_{j=a,b,c} i_j = e^{-t/\tau}\left[3U_{\text{DC}}\sqrt{\frac{C}{nL}}\sin(\omega t) - I_{\text{DC}}\cos(\omega t)\right] \tag{6-7}$$

逆变站直流线路电流反向时刻如式（6-8）所示，一般在故障后数十微秒即完成。

$$t_r = \left(\arctan\frac{I_{\text{DC}}}{3U_{\text{DC}}\sqrt{C/(nL)}}\right)/\omega \tag{6-8}$$

双极短路故障下，两端换流站直流线路保护安装处的电流和电压在故障数十微秒后有：

$$\begin{cases} i_{\text{Kp}} = -i_{\text{Kn}} > 0 \\ i_{\text{Mp}} = -i_{\text{Mn}} > 0 \\ u_{\text{Kp}} = -u_{\text{Kn}} > 0 \\ u_{\text{Mp}} = -u_{\text{Mn}} > 0 \end{cases} \tag{6-9}$$

### 6.1.1.3　差分功率构建及其特性

由光伏直流升压汇集系统交、直流侧故障特性分析可知：单极接地故障时，直流正、负极线路电压突变，直流正、负极线路电流无明显变化；双极短路故障时，直流正、负极线路电压和电流均有较大变化。综合直流线路电压量和电流量，定义直流线路保护安装处功率为 $P = ui$，其中 $u$ 和 $i$ 分别是直流线路保护安装处的电压和电流。根据式（6-1）、式（6-2）、式（6-3）和式（6-9），可得直流功率量 $P$ 在系统多种状态下的数值，如表 6-1 所示。

表 6-1　直流功率量取值表

| 系统状态 | 直流功率量 $P$ | | | |
| --- | --- | --- | --- | --- |
| | 整流侧正极 | 整流侧负极 | 逆变侧正极 | 逆变侧负极 |
| 正常稳态运行 | $U_{\text{DC}}I_{\text{DC}}$ | $U_{\text{DC}}I_{\text{DC}}$ | $-0.5U_{\text{DC}}I_{\text{DC}}$ | $-0.5U_{\text{DC}}I_{\text{DC}}$ |
| 交流侧故障 | $u_{\text{Kp}}i_{\text{Kp}}$ | $u_{\text{Kp}}i_{\text{Kp}}$ | $-u_{\text{Kp}}i_{\text{Kp}}$ | $-u_{\text{Kp}}i_{\text{Kp}}$ |
| 正极接地故障 | $0$ | $U_{\text{DC}}I_{\text{DC}}$ | $0$ | $-U_{\text{DC}}I_{\text{DC}}$ |
| 负极接地故障 | $U_{\text{DC}}I_{\text{DC}}$ | $0$ | $-U_{\text{DC}}I_{\text{DC}}$ | $0$ |
| 双极短路故障 | $>0$ | $>0$ | $>0$ | $>0$ |

由表 6-1 可得，两端换流站不同极线路直流功率之和（即整流侧正极直流功率和逆变侧负极直流功率之和、整流侧正极直流功率和逆变侧负极直流功率之和）在光伏直流升压汇集系统正常稳态运行和交流侧故障时为零，在单极接地故障和双极短路故障时不为零。记整流侧正极直流功率和逆变侧负极直流功率之和为 $P_{KM}$，整流侧正极直流功率和逆变侧负极直流功率之和为 $P_{MK}$，定义 $P_{KM}$ 和 $P_{MK}$ 为差分功率，定义式为：

$$\begin{cases} P_{KM} = u_{Kp}i_{Kp} + u_{Mn}i_{Mn} \\ P_{MK} = u_{Mp}i_{Mp} + u_{Kn}i_{Kn} \end{cases} \tag{6-10}$$

光伏直流升压汇集系统正常稳态运行和交流侧故障时，式（6-1）成立，将其代入式（6-10）得：

$$\begin{cases} P_{KM} = 0 \\ P_{MK} = 0 \end{cases} \tag{6-11}$$

光伏直流升压汇集系统直流线路正极接地故障时，式（6-2）成立，将其代入式（6-10）得：

$$\begin{cases} P_{KM} = -U_{DC}I_{DC} \\ P_{MK} = U_{DC}I_{DC} \end{cases} \tag{6-12}$$

光伏直流升压汇集系统直流线路负极接地故障时，式（6-3）成立，将其代入式（6-10）得：

$$\begin{cases} P_{KM} = U_{DC}I_{DC} \\ P_{MK} = -U_{DC}I_{DC} \end{cases} \tag{6-13}$$

光伏直流升压汇集系统直流线路双极短路故障时，式（6-9）成立，将其代入式（6-10）得：

$$\begin{cases} P_{KM} > 0 \\ P_{MK} > 0 \end{cases} \tag{6-14}$$

## 6.1.2　基于功率量的直流线路纵联保护原理

### 6.1.2.1　直流侧故障判据

由本书 6.1.1 节故障特性分析可知,利用差分功率 $P_{KM}$ 或 $P_{MK}$ 可以检测单极接地故障和双极短路故障。如果差分功率幅值不为零,则判定光伏直流升压汇集系统存在单极接地故障或双极短路故障;否则认为无单极接地故障或双极短路故障发生。考虑到直流线路分布电容在系统故障时对电气量特性有一定影响,且主要影响电气量的高频成分,保护中采用滑动平均滤波衰减高频分量,提取电气量的低频成分,用于修正 6.1.1 节故障特性分析中忽略直流线路分布电容而得到的分析结果。

差分功率 $P_{KM}$ 和 $P_{MK}$ 通过滑动平均滤波处理后的输出为:

$$\begin{cases} P_{KM\_f}(k) = \dfrac{1}{N} \sum_{j=k-(N-1)}^{k} P_{KM}(j) \\ P_{MK\_f}(k) = \dfrac{1}{N} \sum_{j=k-(N-1)}^{k} P_{MK}(j) \end{cases} \tag{6-15}$$

式中,为了快速有效地滤除高频分量,$N$ 取 5 ms 内采样点数。

基于滑动平均滤波处理后的差分功率,直流侧故障判据可表示为:

$$\left| P_{KM\_f} \right| > P_{set} \& \left| P_{MK\_f} \right| > P_{set} \tag{6-16}$$

式中,$P_{set}$ 为设定门槛值,取值为 $0.1P_N$,$P_N$ 是 MMC-HVDC 系统额定输送功率。

### 6.1.2.2　直流故障类型判据

由本书 6.1.1 节故障特性分析可知,差分功率 $P_{KM}$ 和 $P_{MK}$ 在光伏直流升压汇集系统直流侧正极接地故障、负极接地故障和双极短路故障下具有明显不同的正、负数值组合。如果 $P_{KM}$ 为负值、$P_{MK}$ 为正值,则可判定系统直流线路发生正极接地故障;如果 $P_{KM}$ 为正值、$P_{MK}$ 为负值,则可判定系统直流线路发生负极接地故障;如果 $P_{KM}$ 和 $P_{MK}$ 均为正值,则可判定系统直流线路发生双极短路故障。因此,故障类型识别判据可表示为:

$$\begin{cases} P_{KM\_f} < -P_{set} \& P_{MK\_f} > P_{set}, & \text{正极接地故障} \\ P_{KM\_f} > P_{set} \& P_{MK\_f} < -P_{set}, & \text{负极接地故障} \\ P_{KM\_f} > P_{set} \& P_{MK\_f} > P_{set}, & \text{双极短路故障} \end{cases} \tag{6-17}$$

### 6.1.2.3　保护原理逻辑框图

综上，利用差分功率构造出光伏直流升压汇集系统直流线路保护原理，其逻辑框图如图 6-5 所示。交流侧故障时，不满足直流侧故障判据，保护不动作；直流侧故障时，直流侧故障判据成立，进而进行故障类型识别。

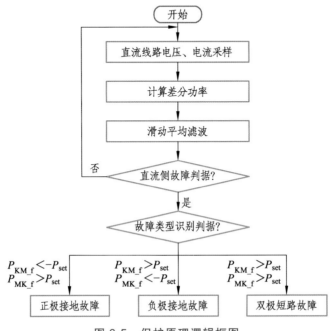

图 6-5　保护原理逻辑框图

## 6.1.3　仿真验证

设置故障时刻为 $t = 0.1\ \text{s}$，交流侧故障持续时间为 0.05 s，单极接地故障持续时间为 0.1 s，双极短路故障被设为永久故障，数据采样频率为 20 kHz，$P_{set}$ 整定值为 4 MW。

### 6.1.3.1　交流侧故障仿真

图 6-6 详细给出了逆变站换流变压器网侧（即图 3-8 中 $f_2$ 处）发生单相金属性接地故障时的保护动作仿真结果。由图 6-6 可知，交流侧发生故障后，两端换流站直流线路电压（$u_{Kp}$ 和 $u_{Mp}$；$u_{Kn}$ 和 $u_{Mn}$）有所波动但仍近似相等，两端换流站直流线路电流（$i_{Kp}$ 和 $i_{Mp}$；$i_{Kn}$ 和 $i_{Mn}$）有所波动但幅值仍近似相等；整个故障过程中差分功率均小于保护设定门槛值 $P_{set}$，直流侧故障判据不动作。

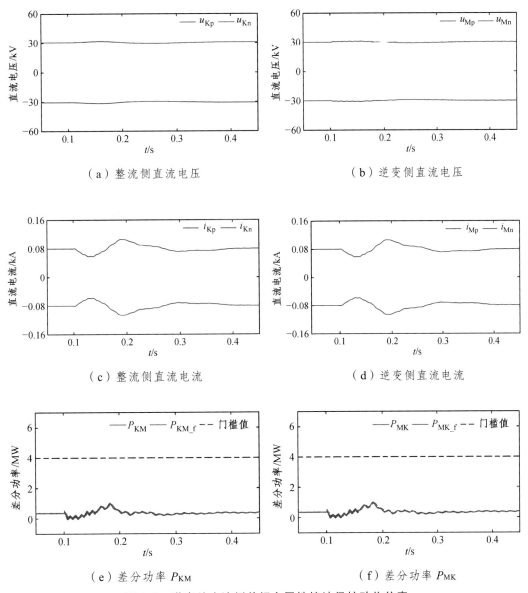

（a）整流侧直流电压　　　　　　　　　　（b）逆变侧直流电压

（c）整流侧直流电流　　　　　　　　　　（d）逆变侧直流电流

（e）差分功率 $P_{KM}$　　　　　　　　　　（f）差分功率 $P_{MK}$

图 6-6　逆变站交流侧单相金属性接地保护动作仿真

为全面验证所提保护在直流升压汇集系统交流侧故障下的性能，表 6-2 列出了所提保护在换流变压器网侧各类故障下的动作情况。表中，$P_{max1}$ 为故障后 $P_{KM\_f}$ 的绝对值最大值，$P_{max2}$ 为故障后 $P_{MK\_f}$ 的绝对值最大值。由表 6-2 可知，交流侧故障下差分功率均小于保护设定门槛值 $P_{set}$，不满足直流侧故障判据，所提保护在直流升压汇集系统交流侧各种故障下均能可靠不动作。

表 6-2　交流侧故障仿真结果

| 故障类型 | 故障位置 | 过渡电阻/Ω | $P_{max1}$/MW | $P_{max2}$/MW | 保护结果 |
|---|---|---|---|---|---|
| A 相接地 | $f_1$ | 0 | 0.647 7 | 0.648 5 | 不动作 |
| | $f_2$ | 0 | 0.954 9 | 0.955 6 | 不动作 |
| AB 两相接地 | $f_1$ | 0 | 1.005 9 | 1.007 1 | 不动作 |
| | $f_2$ | 0 | 1.659 6 | 1.660 9 | 不动作 |
| AB 两相短路 | $f_1$ | 0 | 1.026 9 | 1.027 6 | 不动作 |
| | $f_2$ | 0 | 1.337 6 | 1.339 3 | 不动作 |
| ABC 三相短路 | $f_1$ | 0 | 1.569 8 | 1.571 1 | 不动作 |
| | $f_2$ | 0 | 2.255 6 | 2.257 1 | 不动作 |

## 6.1.3.2　直流侧故障仿真

图 6-7 给出了直流线路中点发生正极接地故障时的保护动作仿真结果。由图 6-7 可知，正极接地故障时，直流线路电压和电流有短暂高频振荡过程，差分功率 $P_{KM}$ 由零值阶跃下降到负值，差分功率 $P_{MK}$ 由零值阶跃上升到正值，滑动平均滤波可有效提取差分功率的低频成分，直流侧故障判据正确动作，故障类型识别判据判定系统发生正极接地故障。

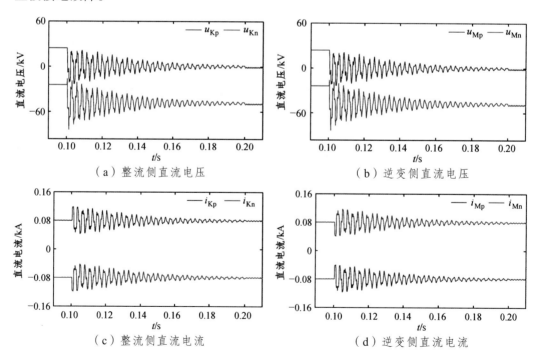

（a）整流侧直流电压　　　　　　　　（b）逆变侧直流电压

（c）整流侧直流电流　　　　　　　　（d）逆变侧直流电流

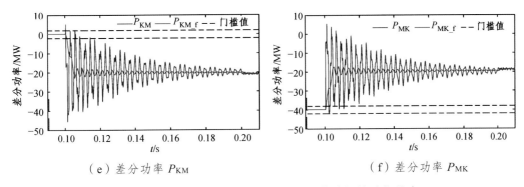

（e）差分功率 $P_{\mathrm{KM}}$　　　　　　　　　（f）差分功率 $P_{\mathrm{MK}}$

**图 6-7　直流线路中点正极金属性接地故障保护动作仿真**

图 6-8 给出了直流线路中点发生负极接地故障时保护动作的仿真结果。由图 6-8 可知，负极接地故障时，直流线路电压和电流有短暂高频振荡过程，差分功率 $P_{\mathrm{KM}}$ 由零值阶跃上升到正值，差分功率 $P_{\mathrm{MK}}$ 由零值阶跃下降到负值，滑动平均滤波可有效提取差分功率的低频成分，直流侧故障判据正确动作，故障类型识别判据判定系统发生负极接地故障。

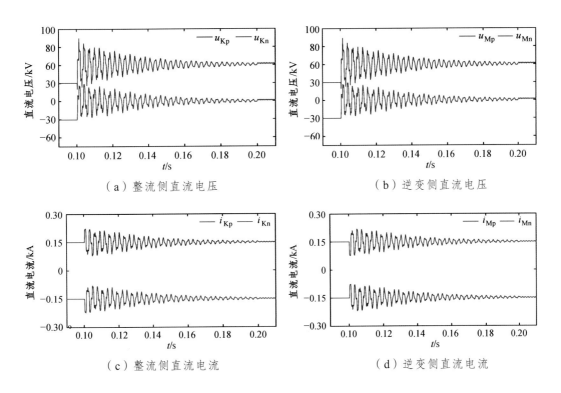

（a）整流侧直流电压　　　　　　　　　（b）逆变侧直流电压

（c）整流侧直流电流　　　　　　　　　（d）逆变侧直流电流

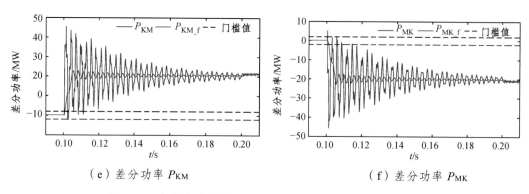

（e）差分功率 $P_{KM}$ 　　　　　（f）差分功率 $P_{MK}$

图 6-8　直流线路中点负极金属性接地故障保护动作仿真

图 6-9 给出了直流线路中点发生双极短路故障时的保护动作仿真结果。由图 6-9 可知，双极短路故障时，逆变站直流正、负极线路电流 $i_{Mp}$ 和 $i_{Mn}$ 快速反向，差分功率 $P_{KM}$ 和 $P_{MK}$ 均由零值阶跃上升到正值，滑动平均滤波可有效提取差分功率的低频成分，直流侧故障判据正确动作，故障类型识别判据判定系统发生双极故障。

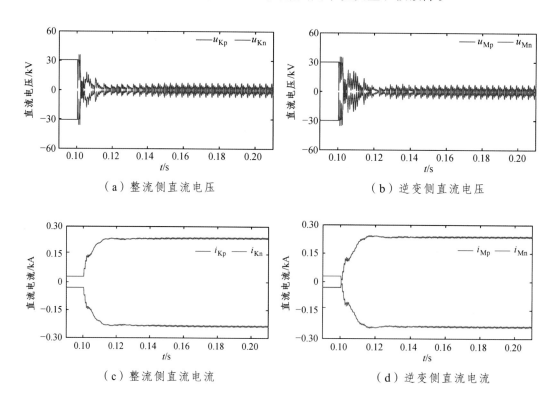

（a）整流侧直流电压　　　　　（b）逆变侧直流电压

（c）整流侧直流电流　　　　　（d）逆变侧直流电流

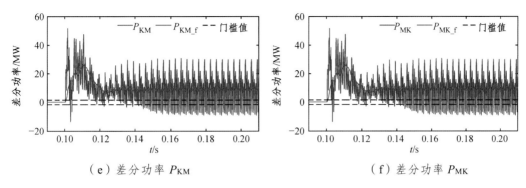

（e）差分功率 $P_{KM}$　　　　　　　　　　（f）差分功率 $P_{MK}$

图 6-9　直流线路中点双极金属性短路故障保护动作仿真

## 6.2　基于暂态高频有功功率的汇集层保护

### 6.2.1　暂态高频有功功率特性分析

直流升压汇集系统正常运行时，直流侧的高频分量很少。以直流正极接地故障为例，故障后瞬间，故障点正极电压 $u_P$ 变为 0，反映在故障附加网络上为：故障附加电压源由 0 变为 $-u_P$，为一暂态阶跃电压信号，可用傅里叶变换将这一阶跃信号分解为各次谐波信号。

假设故障在 $t = 0.6$ s 发生，故障附加电压源时域表达式为：

$$u(t) = \begin{cases} 0, & 0 < t < 0.6 \\ -10\ 000, & t \geqslant 0.6 \end{cases} \tag{6-18}$$

采用傅里叶变换将阶跃信号分解，正常时高频电压为 0，故障后短时间内产生明显的高次谐波电压分量。故障点处的高频电压引起网络中高频电流的流动，并产生高频功率。

对于一个特定频率的高频信号，依据叠加原理，可将高频量等效为故障前的稳态分量和故障附加高频分量的叠加。故障前系统稳定运行，高频含量很少，近乎为 0；故障后系统产生的高频分量都反映在故障高频分量附加网络中。图 3-14 中 MMC 之间直流线路发生单极接地故障时的故障高频分量附加网络如图 6-10 所示，其中，$Z_1 \sim Z_4$ 表示线路高频阻抗，$Z_5 \sim Z_8$ 表示各端变换器的等值高频阻抗；$P_1 \sim P_{12}$ 表示保护安装处的高频有功功率分量，$P_s$ 表示故障点处高频电压源产生的高频有功功率，红箭头表示高频有功功率的参考方向（正极线路的参考方向为母线流向线路，负极线路的参考方向为线路流向母线）。该网络仅在故障点有一个高频电源，其他部分均为无源网络。

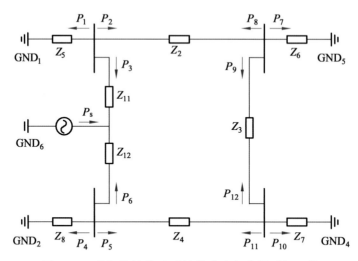

图 6-10　单极接地故障时的故障高频分量附加网络

如图 6-11 所示，对于高频分量附加网络的非故障直流线路，$R \ll n\omega L$，$n$ 为高次谐波次数，线路电阻可忽略不计，线路阻抗部分等效为纯电抗，而线路分布式电容仅提供无功功率，对双侧的高频有功功率不产生影响。由式（6-19）~ 式（6-21）可近似认为高频线路只消耗高频无功功率，不消耗高频有功功率。

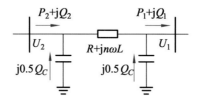

图 6-11　非故障线路双端高频功率分析

$$\Delta \tilde{S} = \Delta P + \mathrm{j}\Delta Q = \frac{P_1^2 + Q_1^2}{U_1^2}(R + \mathrm{j}n\omega L) \approx \mathrm{j}\frac{P_1^2 + Q_1^2}{U_1^2}n\omega L \qquad （6\text{-}19）$$

$$P_2 + \mathrm{j}Q_2 = P_1 + \mathrm{j}Q_1 + \Delta\tilde{S} - \mathrm{j}Q_c \approx P_1 + \mathrm{j}\left(Q_1 - Q_c + \frac{P_1^2 + Q_1^2}{U_1^2}n\omega L\right) \qquad （6\text{-}20）$$

$$\Delta P \approx 0,\ \ P_2 \approx P_1 \qquad （6\text{-}21）$$

因仅在故障点处含有高频故障电源，其他均为无源网络，故故障附加网络可简化为图 6-12。故障高频电压源产生高频有功功率 $P_s$ 并流向无源网络，显然，$P_s$ 为正值，$P_3$、$P_6$ 为负值。$P_3$、$P_6$ 按高频阻抗比值分布，呈正相关特性，即 $P_3 \approx k \times P_6$，其中，$k$ 为正数。

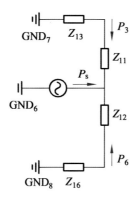

图 6-12　故障高频分量附加网络简化图

由上述分析可知，图 6-10 中直流线路保护安装处的高频有功功率之间的关系满足下式：

$$\begin{cases} P_S = -\left(P_3 + P_6\right) \\ P_1 + P_2 + P_3 = 0 \\ P_4 + P_5 + P_6 = 0 \\ P_7 + P_8 + P_9 = 0 \\ P_{10} + P_{11} + P_{12} = 0 \end{cases} \tag{6-22}$$

$$\begin{cases} P_2 \approx -P_8 \\ P_9 \approx -P_{12} \\ P_5 \approx -P_{11} \\ P_3 \approx k \times P_6 \end{cases} \tag{6-23}$$

由此可得出直流线路上的高频有功功率的正负性：故障线路双端高频有功功率 $P_3$ 和 $P_6$ 都为负值；非故障线路的 $P_2$ 和 $P_8$ 一正一负，$P_5$ 和 $P_{11}$ 一正一负，$P_9$ 和 $P_{12}$ 一正一负。故障线路双端高频有功功率呈正相关特性；非故障线路双端的高频有功功率呈相反数和负相关特性，且波形对称程度高。

对于非直流线路故障，其故障高频分量附加网络如图 6-13 所示。

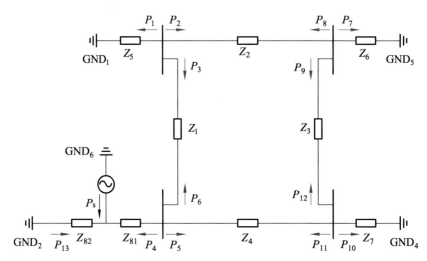

图 6-13  非直流线路故障时的故障高频分量附加网络

同理分析可得，图 6-13 中直流线路保护安装处的高频有功功率之间的关系为：

$$\begin{cases} P_s = -(P_4 + P_{13}) \\ P_1 + P_2 + P_3 = 0 \\ P_4 + P_5 + P_6 = 0 \\ P_7 + P_8 + P_9 = 0 \\ P_{10} + P_{11} + P_{12} = 0 \end{cases} \quad (6\text{-}24)$$

$$\begin{cases} P_2 \approx -P_8 \\ P_3 \approx -P_6 \\ P_9 \approx -P_{12} \\ P_5 \approx -P_{11} \end{cases} \quad (6\text{-}25)$$

由此可得出直流线路上的高频有功功率的正负性：$P_6$ 为正值，$P_3$ 为负值；$P_5$ 为正值，$P_{11}$ 为负值；$P_2$ 为正值，$P_8$ 为负值；$P_{12}$ 为正值，$P_9$ 为负值。所有非故障直流线路双端的高频有功功率呈相反数和负相关特性，且波形对称程度高。各端变换器出口侧的高频有功功率的正负性为：$P_4$ 为负值；$P_1$、$P_7$、$P_{10}$ 都为正值。

综合上述分析，可利用直流线路上高频有功功率的正负性构成方向纵联保护判据。

## 6.2.2　基于暂态高频有功功率的保护方案

### 6.2.2.1　区内、区外故障识别判据

1. 基于高频有功功率的方向纵联保护判据

采用傅里叶变换算法提取直流线路各保护安装处电压、电流高频分量（如 2kHz 分量）的幅值和相角，并按式（6-26）计算出对应的高频有功功率。

$$P_{HF} = \frac{1}{n}\sum_{k=1}^{n}\left\{|u_{HF}(k)||i_{HF}(k)|\cos[\varphi_u(k) - \varphi_i(k)]\right\}\qquad(6\text{-}26)$$

式中，$n$ 为 5 ms 时间窗内采样点总数；$k$ 为时间窗内采样点序号（$k = 1, 2, 3, \cdots, n$）；$|u_{HF}(k)|$ 和 $|i_{HF}(k)|$ 表示采样点高频电压和高频电流的幅值；$\varphi_u(k)$ 和 $\varphi_i(k)$ 表示采样点高频电压和高频电流的相角。

当保护 $i$ 处的高频有功功率低于一定值时判定为故障正方向，转化为逻辑信号 $D_i$ 取 1。判别故障正方向的判据为：

$$D_i = \begin{cases} 1, P_{iHF} \leqslant -P_{set} \\ 0, P_{iHF} > -P_{set} \end{cases}\qquad(6\text{-}27)$$

式中，$P_{iHF}$ 表示保护 $i$ 处的高频有功功率；$P_{set}$ 表示设定的阈值，为一正值。

$D_i = 1$ 表示故障方向为正方向，此线路为潜在故障线路；$D_i = 0$ 表示故障方向为反方向，此线路为非故障线路。线路 $ij$ 两端的保护装置 $i$ 和 $j$ 通过方向纵联传递判据（6-28）所得的逻辑信号，若两端均判断为正方向故障时，则判定该线路故障，$F_{ij}$ 取 1。方向纵联保护的判据为：

$$F_{ij} = \begin{cases} 1, D_i \cap D_j = 1 \\ 0, D_i \cap D_j = 0 \end{cases}\qquad(6\text{-}28)$$

2. 基于双侧高频有功功率的乘积式保护

根据式（6-26）计算直流线路两侧保护装置 $i$ 和 $j$ 处的高频有功功率，并计算它们的积。若两侧的高频有功功率之积为正，则判定为故障线路，$D_{ij}$ 取 1。保护判据为：

$$D_{ij} = \begin{cases} 1, P_i \times P_j > C_{set} \\ 0, P_i \times P_j \leqslant C_{set} \end{cases}\qquad(6\text{-}29)$$

式中，$P_i$ 和 $P_j$ 表示直流线路两侧保护装置 $i$ 和 $j$ 处的高频有功功率；$C_{set}$ 为一设定的阈值。

$D_{ij} = 1$ 表示线路 $ij$ 为故障线路；$D_{ij} = 0$ 表示线路 $ij$ 为非故障线路。

### 6.2.2.2　故障启动判据

正常运行时，直流线路保护处的高频有功功率近乎为 0；发生非故障扰动时，一般扰动的频率较低，对 2 kHz 的高频电气量影响很小，各保护处的高频有功功率仍近似为 0。故障发生后的瞬间，保护处会检测到幅值较大的高频有功功率。因此，可利用这一特性构成如式（6-30）所示的故障启动判据：

$$|P_{HF}| > |P_{op}| \tag{6-30}$$

式中，$|P_{HF}|$ 为计算得到的高频有功功率幅值大小；$|P_{op}|$ 为设定的故障启动阈值大小。

### 6.2.2.3　故障选极判据

直流线路发生单极故障时，由于正负极线路存在电磁耦合，因此非故障线路也会感应出一定的高频电气量，基于正负极的高频有功功率大小比较可能存在偏差。基于直流电压控制的直流输电系统单极故障有如下特点：单极故障时故障电流较小，故障极的电压直流分量幅值快速下降，非故障极的电压直流分量幅值快速上升；双极故障时正负极电压直流分量保持相等。可利用这一故障特点构成故障选极判据。首先定义一个电压幅值比系数 $k_u$，如式（6-31）所示，采用故障线路正负极电压直流分量幅值之比，同时利用线路双端的电压数据，提高选极的正确性。

$$k_u = \frac{\dfrac{1}{n}\sum_{k=1}^{n}|u_{DC1}^{+}|}{\dfrac{1}{n}\sum_{k=1}^{n}|u_{DC1}^{-}|} \times \frac{\dfrac{1}{n}\sum_{k=1}^{n}|u_{DC2}^{+}|}{\dfrac{1}{n}\sum_{k=1}^{n}|u_{DC2}^{-}|} \tag{6-31}$$

式中　　$n$ ——20 ms 时间窗内采样点总数；

$k$ ——时间窗内采样点序号（$k=1,2,3,\cdots,n$）；

$|u_{DC1}^{+}|$、$|u_{DC1}^{-}|$ ——故障线路一侧的正、负极电压直流分量幅值；

$|u_{DC2}^{+}|$、$|u_{DC2}^{-}|$ ——故障线路另一侧的正、负极电压直流分量幅值。

由故障特性可知，正极故障时，正极电压直流分量幅值小于负极，$k_u$ 为小于 1 的正数；负极故障时，正极电压直流分量幅值大于负极，$k_u$ 为大于 1 的正数；双极故障时，正、负极电压直流分量幅值几乎相等，$k_u$ 一直保持在 1 附近。

利用电压幅值比系数构成的故障选极判据如下：

$$\begin{cases} 双极故障：h_1 \leqslant k_u \leqslant h_2 \\ 正极故障：k_u < h_1 \\ 负极故障：k_u > h_2 \end{cases} \tag{6-32}$$

式中，$h_1$ 和 $h_2$ 为两个设定的阈值，可分别取 0.7 和 1.3。

### 6.2.2.4　保护逻辑

采用傅里叶变换持续提取直流线路两端电压、电流 2 kHz 分量的幅值和相角，并根据式（6-26）计算各端的高频有功功率。若某侧的高频有功功率幅值大于启动阈值，该侧保护启动。线路双端保护都启动时，再利用 3 个故障识别判据之一进行区内、区外故障的判别。

判据 1 利用线路两端的高频有功功率都小于一个设定的负值来判断故障方向，结合方向纵联原理实现故障线路的判别；判据 2 利用线路两端的高频有功功率之积大于一个设定的正值来判断故障线路；判据 3 利用线路两端的高频有功功率的相关系数来判断其正、负相关性和波形的对称性，从而辨别故障线路。

通过上述 3 个故障识别判据之一识别故障线路后，利用保护装置处正极和负极的电压直流分量幅值之比实现故障极的选择。保护方案逻辑流程如图 6-14 所示。

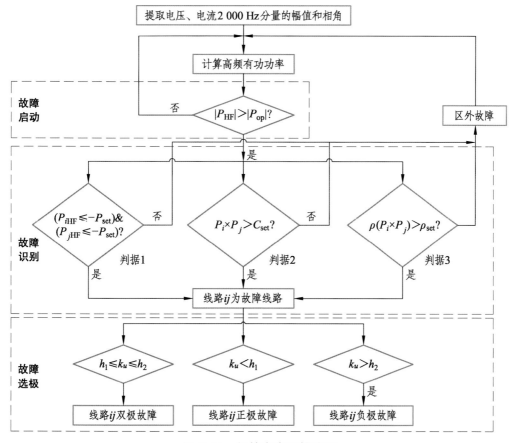

图 6-14　保护方案逻辑流程

### 6.2.3　仿真验证

#### 1. 区内故障仿真

直流线路在 0.4 s 时发生区内双极短路故障，线路两端保护 3、6 处检测计算出的高频功率 $P_3$ 和 $P_6$ 的波形以及故障方向逻辑信号 $D_3$ 和 $D_6$ 的变化如图 6-15 所示。

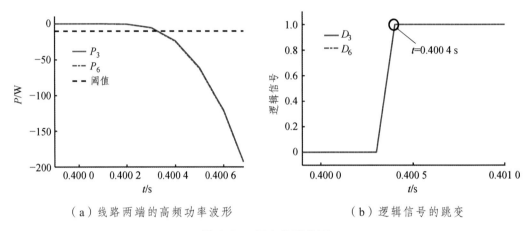

（a）线路两端的高频功率波形　　　　　　（b）逻辑信号的跳变

图 6-15　区内故障仿真

系统正常运行时，高频功率 $P_3$ 和 $P_6$ 均为 0。在故障后约 0.3 ms，线路两端的高频功率 $P_3$ 和 $P_6$ 均低于设定阈值 – 10 W。由图 6-15（b）可知，在故障后约 0.3 ms，故障方向逻辑信号 $D_3$ 和 $D_6$ 均从 0 跳变为 1，因此线路两端均判断为故障正方向。根据方向纵联判据，该线路判断为故障线路。

#### 2. 区外故障仿真

直流线路在 0.4 s 发生区外故障时，线路两端保护 3、6 处检测计算出的高频功率 $P_3$ 和 $P_6$ 的波形以及故障方向逻辑信号 $D_3$ 和 $D_6$ 的变化如图 6-16 所示。

由图 6-16（a）可知，故障前系统正常运行时，高频功率 $P_3$ 和 $P_6$ 均为 0。在故障后约 3 ms，线路其中一端的高频功率 $P_3$ 低于设定阈值 – 10 W，线路另一端的高频功率 $P_6$ 一直为正值。由图 6-16（b）可知，在故障后约 3 ms，线路仅其中一端的故障方向逻辑信号 $D_3$ 从 0 跳变为 1，另一端的故障方向逻辑信号 $D_6$ 一直为 0，因此线路另一端均判断为故障反方向。根据方向纵联判据，该线路判断为非故障线路。

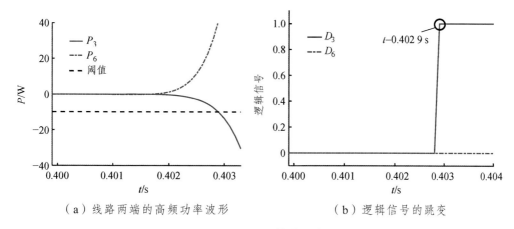

（a）线路两端的高频功率波形　　　　　　（b）逻辑信号的跳变

图 6-16　区外故障仿真

基于两端暂态高频有功功率的直流线路故障识别判据中，判据 1 利用高频有功功率的正负性判断故障方向，并利用方向纵联辨别故障线路，对双端通信同步性要求不高。判据 2 利用线路双侧高频有功功率乘积的正负性直接识别故障线路，保护算法最易实现，保护速动性最好，但它需要线路双侧电气量通信，比判据 1 的同步性要求高。判据 1 和 2 需要设置合理的阈值，保护的灵敏性受故障类型和过渡电阻影响。判据 3 利用双侧高频有功功率波形对称性及相关系数来识别故障线路，故障线路的相关系数接近于 1，非故障线路的相关系数接近于 – 1，故障识别区分度好。当直流线路发生经大过渡电阻的单极故障时，判据 1 和 2 的灵敏性可能不佳，而判据 3 具有更好的耐受过渡电阻能力，单极或双极故障时均可灵敏地识别故障线路。

## 6.3　本章小结

本章在总结光伏电站直流升压汇集接入系统故障电压、电流特性的基础上，分析了系统正常工况与故障工况下的功率特性，给出了基于直流功率与暂态高频有功功率的保护方案，为系统汇集层提供有效保护。

第 7 章

光伏电站直流升压汇集接入
系统故障定位技术

## 7.1　故障测距方法

完成故障线路或故障区域识别之后，可进一步利用电力电子变换器的可控性与计算力完成故障测距，为精确故障定位与运维提供支撑。

### 7.1.1　主动脉冲测距

#### 7.1.1.1　主动脉冲测距原理

由 MMC 运行原理可知，变换器每相桥臂子模块总保持投入个数为 $N$，以此来维持直流电压恒定。若短时间内控制一相子模块投入的数量，使其数量大于 $N$ 或者小于 $N$，之后再恢复子模块的正常控制，就会在 MMC 直流电压出口处产生一个向上或向下的电压脉冲。如果脉冲的持续时间非常短，对控制系统的影响较小，直流电压因其余两相桥臂子模块电压的支撑作用出现小波动并快速恢复稳定，不影响正常的功率传输。

为了在 MMC 直流电压出口处产生一个向下的电压脉冲，对于载波移相调制和最近电平逼近调制两种调制方式来说，只需在脉冲持续时间内控制一相桥臂的导通子模块总数量为 $N - N_{\text{pulse}}$ 即可。其中，$N_{\text{pulse}}$ 为该段时间计划减少投入的子模块数。

当直流线路发生单极接地故障后，MMC 型直流输电系统因采用小电流接地方式，故仍可继续运行。此时，$\text{MMC}_2$ 变换器主动发出电压脉冲，以波速 $v$ 向另一端传播，在故障点反射后再到达 $\text{MMC}_2$，如图 7-1 所示。通过检测脉冲发出时间和反射脉冲到达检测点的时间，可得出故障距离 $L$ 为：

$$L = \frac{(t_2 - t_1)}{2} \times v \tag{7-1}$$

本节采用二分递推奇异值分解（Singular Value Decomposition，SVD）进行脉冲到达时间检测。二分递推 SVD 具有类似小波变换的多分辨分解特性，并且由于各分解层是简单的线性叠加，故而不同分解层上对波头时刻的检测结果不发生偏移。信号的突变点反映了脉冲波头的到达时刻。

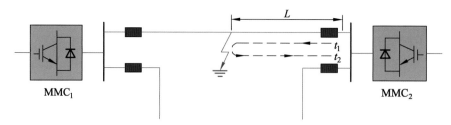

图 7-1　主动式脉冲测距原理

对于二分递推 SVD，第 1 层细节分量往往受噪声影响比较大，可选用第 2 层细节分量来检测主动脉冲和反射脉冲到达的时间。奇异点对应的时间为脉冲波头的到达时间，通过极大值化处理，即可检测出脉冲波头的到达时间。

### 7.1.1.2　主动脉冲测距流程

主动脉冲测距流程如图 7-2 所示，包括正常运行状态时的波速测定和故障后的脉冲测距。

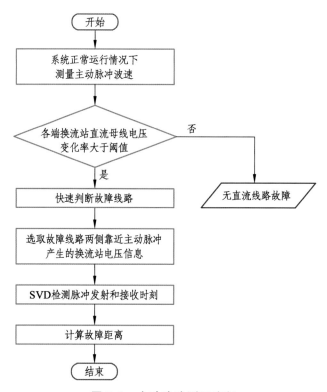

图 7-2　主动脉冲测距流程

在系统处于正常运行状态时可测量波速，由于该控制方式不会对系统正常运行造成影响，故可以多次发射主动脉冲取波速平均值作为脉冲波速。当系统出现直流线路故障后，通过比较故障后各端换流站直流电压变化时序，可快速确定故障线路。在确定故障线路后，选取故障线路两侧靠近主动脉冲产生的换流站，采用二分递推奇异值分解来测量脉冲发射和接收时间，实现单端多次测距。

## 7.1.2　快速分析法测距

### 7.1.2.1　故障电气量求解

光伏直流升压汇集系统中分布电容较小，因此可以忽略不计。这里采取 Ⅱ 型线路模型进行故障分析与定位。直流线路双极短路故障后，直流侧电流迅速上升，变换器快速闭锁，换流站闭锁后系统等效电路如图 7-3 所示。图中，$U_s$ 为换流变二次侧电压有效值；$L_s$ 为交流侧电源到换流站间的等效电感；$R_0$ 为桥臂等效电阻；$L_0$ 为桥臂电感；$R_g$ 为过渡电阻；$L'_M$、$L'_N$ 分别为 M、N 侧正极线路等效电感；$L''_M$、$L''_N$ 分别为 M、N 侧负极线路等效电感；$R'_M$、$R'_N$ 分别为 M、N 侧正极线路等效电阻；$R''_M$、$R''_N$ 分别为 M、N 侧负极线路等效电阻。

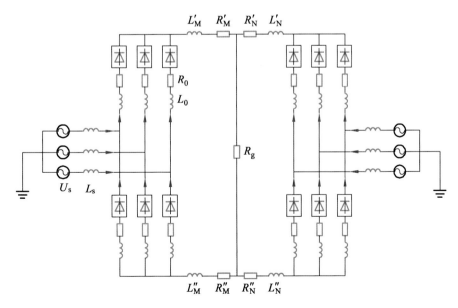

图 7-3　换流站闭锁后系统等效电路

由于换流站闭锁后初始阶段子模块电容并联二极管均处于导通状态，故可以简化为如图 7-4 所示的等效电路。

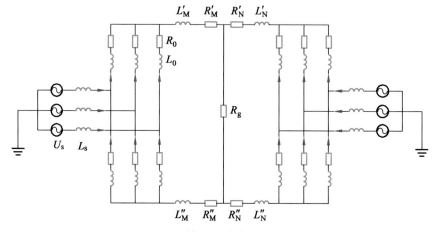

图 7-4　闭锁后系统等效简化电路

根据电路理论，图 7-4 可进一步简化为如图 7-5 所示的电路，其中 $i_{MDC}$、$i_{NDC}$ 分别为变换器闭锁后 M、N 侧的正极直流线路电流。

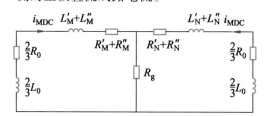

图 7-5　进一步简化后的等效电路

选取流经两侧正极直流线路的电流 $i_{MDC}$、$i_{NDC}$ 作为状态变量，由 KVL 得故障暂态方程：

$$\begin{cases} L_{M}\dfrac{\mathrm{d}i_{MDC}}{\mathrm{d}t}+i_{MDC}R_{M}+(i_{MDC}+i_{NDC})R_{g}=0 \\ L_{N}\dfrac{\mathrm{d}i_{NDC}}{\mathrm{d}t}+i_{NDC}R_{N}+(i_{MDC}+i_{NDC})R_{g}=0 \end{cases} \quad (7\text{-}2)$$

整理得该二阶电路状态方程：

$$\begin{pmatrix} \dot{i}_{MDC} \\ \dot{i}_{NDC} \end{pmatrix} = \begin{pmatrix} -\dfrac{R_{M}+R_{g}}{L_{M}} & -\dfrac{R_{g}}{L_{M}} \\ -\dfrac{R_{g}}{L_{N}} & -\dfrac{R_{N}+R_{g}}{L_{N}} \end{pmatrix} \begin{pmatrix} i_{MDC} \\ i_{NDC} \end{pmatrix} \quad (7\text{-}3)$$

式中，$R_M = 2R_0/3 + 2xr_0$，$L_M = 2L_0/3 + 2xl_0$，$R_N = 2R_0/3 + 2(L-x)r_0$，$L_N = 2L_0/3 + 2(L-x)l_0$；$x$ 为故障点到 M 侧的距离；$L$ 为直流线路总长度；$r_0$ 和 $l_0$ 分别为直流线路单位长度电阻和电感；$R_g$ 为过渡电阻。

为了后续叙述简便，令

$$\begin{pmatrix} -\dfrac{R_M + R_g}{L_M} & -\dfrac{R_g}{L_M} \\ -\dfrac{R_g}{L_N} & -\dfrac{R_N + R_g}{L_N} \end{pmatrix} = A = \begin{pmatrix} a & b \\ c & d \end{pmatrix} \tag{7-4}$$

方程（7-4）满足初始条件 $i_{MDC}(t)|_{t=0} = i_{MDC}(0)$，$i_{NDC}(t)|_{t=0} = i_{NDC}(0)$ 的解为：

$$\begin{pmatrix} i_{MDC}(t) \\ i_{NDC}(t) \end{pmatrix} = e^{At} \cdot \begin{pmatrix} i_{MDC}(0) \\ i_{NDC}(0) \end{pmatrix} \tag{7-5}$$

其中，$t = 0$ 时刻为变换器闭锁时刻，$i_{MDC}(0)$、$i_{NDC}(0)$ 分别为变换器闭锁时刻 M、N 侧正极直流线路电流。式（7-5）中的矩阵指数为：

$$e^{At} = L^{-1} \begin{pmatrix} \dfrac{s-d}{s^2 - s(a+d) + ad - bc} & \dfrac{b}{s^2 - s(a+d) + ad - bc} \\ \dfrac{c}{s^2 - s(a+d) + ad - bc} & \dfrac{s-a}{s^2 - s(a+d) + ad - bc} \end{pmatrix} \tag{7-6}$$

进行部分分式分解与拉氏反变换后代入式（7-5），M 侧正极直流线路电流为：

$$i_{MDC}(t) = (k_1 e^{s_1 t} + k_2 e^{s_2 t}) i_{MDC}(0) + (k_3 e^{s_1 t} + k_4 e^{s_2 t}) i_{NDC}(0) \tag{7-7}$$

式中：

$$\begin{cases} k_1 = \dfrac{a - d + \sqrt{(a-d)^2 + 4bc}}{2\sqrt{(a-d)^2 + 4bc}} \\ k_2 = 1 - k_1 \\ k_3 = \dfrac{b}{\sqrt{(a-d)^2 + 4bc}} \\ k_4 = -k_3 \\ s_{1,2} = \dfrac{a + d \pm \sqrt{(a-d)^2 + 4bc}}{2} \end{cases}$$

由式（7-7）可知，当直流线路发生双极短路故障后，在换流站闭锁后的初始阶段，即各桥臂电流均未衰减至 0 之前，M 侧正极直流线路电流由闭锁时刻 M、N 两侧正极直流线路电流值、系统参数、故障距离 $x$ 以及过渡电阻 $R_g$ 决定。

### 7.1.2.2 故障测距算法

通过故障录波装置，提取故障发生后 M 侧正极直流线路电流，对两个不同时刻的 M 侧直流电流，构建包含故障距离和过渡电阻的两个未知参数的时域方程组：

$$\begin{cases} i_{MDC}(t_1) = (k_1 e^{s_1 t_1} + k_2 e^{s_2 t_1})i_{MDC}(0) + (k_3 e^{s_1 t_1} + k_4 e^{s_2 t_1})i_{NDC}(0) \\ i_{MDC}(t_2) = (k_1 e^{s_1 t_2} + k_2 e^{s_2 t_2})i_{MDC}(0) + (k_3 e^{s_1 t_2} + k_4 e^{s_2 t_2})i_{NDC}(0) \end{cases} \tag{7-8}$$

由式（7-8）可知，$a + d \pm \sqrt{(a-d)^2 + 4bc}$ 均为负实数，故 $s_1$，$s_2$ 也为负实数，因此 M 侧正极直流线路电流曲线是按指数规律衰减的非振荡型曲线。

对式（7-8）所示的非线性方程组，可用最小二乘法来求解线路故障距离和过渡电阻，由两相邻时刻 M 侧直流电流采样值可求解出当前时刻故障距离 $l(t)$。

定义故障距离均值 $l_{av}(t)$ 为：

$$l_{av}(t) = \frac{1}{n} \sum_{k=0}^{n-1} l(t - kT_s) \tag{7-9}$$

式中　$T_s$——数据采样周期；

$n$——数据窗内采样点的个数。

故障距离均值为一个数据窗内故障距离计算量的平均值。

故障定位流程如下所述：

步骤 1：直流线路发生双极短路故障后，故障电流快速上升，换流站快速闭锁，经短暂的延时后，断路器动作。记录换流站闭锁的时刻，记为 $t_0$。

步骤 2：将系统参数代入式（7-5），考虑各因素影响，包括闭锁时刻网侧电压相位、故障距离和过渡电阻变化时 A、B、C 三相 6 个桥臂电流衰减到 0 的最小时长，作为数据区段宽度，根据区段宽度选择合适的采样频率。

步骤 3：对换流站闭锁后的 M 侧正极直流线路电流进行采集，对于 N 侧正极直流线路电流，只需采集换流站闭锁时刻电流。

步骤 4：将步骤 3 所得数据代入式（7-8）并采用最小二乘法来求解线路故障距离和过渡电阻。

步骤 5：为保证保护动作的速动性，选取合理的数据窗进行数据处理，计算一个数据窗的故障距离均值，数据窗随着采样点滑动，若连续计算得到的故障距离均值满足相对误差连续小于 1%，则判断计算值收敛，将当前数据窗计算得到的故障距离均值和过渡电阻平均值作为最终故障距离和过渡电阻。

## 7.1.3 仿真验证

### 7.1.3.1 故障类型判断

当直流线路某处发生正极接地故障时，由叠加定理可知相当于在该处增加一正极直流母线电压相反数的电压源，此时故障点正极电压会出现一个电压跌落，此电压跌落会沿着线路传播，相当于向线路发出一个低压脉冲。由于故障点到各换流站的距离不同，因此低压脉冲到达各换流站直流出口处的时间有所差异，当脉冲到达某换流站时，会引起该站出口直流母线正极电压降低。

当测到正极直流母线电压降低、负极直流母线电压升高，检测为正极接地故障；当测到负极直流母线电压降低、正极直流母线电压升高，检测为负极接地故障；当各站出口直流电压正、负极均降低，则检测为双极短路故障。

假设直流线路在约 1.6 s 时分别发生极间短路故障和单极接地故障，其仿真波形如图 7-6 和图 7-7 所示。仿真结果与故障类型分析结论一致。

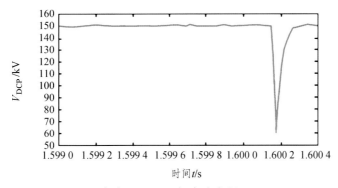

（a）$MMC_1$ 正极直流电压

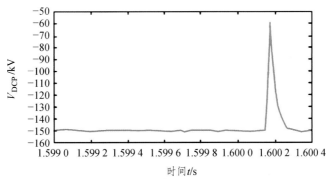

（b）$MMC_1$ 负极直流电压

图 7-6 双极短路故障电压波形

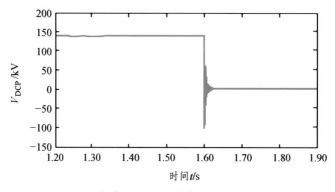

（a）MMC₁正极直流电压

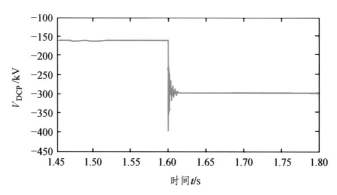

（b）MMC₁负极直流电压

图 7-7　单极接地故障电压波形

## 7.1.3.2　主动式测距方案验证

1.6 s 时刻 MMC₂发射主动脉冲，MMC₁与 MMC₂的直流母线电压波形如图 7-8 所示。

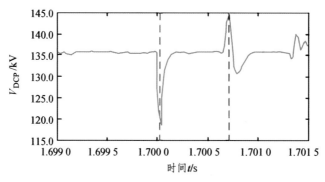

（a）MMC₁直流母线电压波形

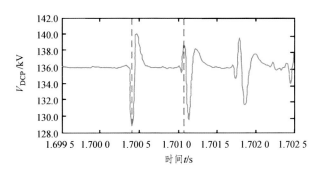

（b）MMC₂直流母线电压波形

图 7-8　主动脉冲测距波形图

采用二分递推 SVD 处理图 7-8 中主动脉冲波形，直流电压第 2 层 SVD 分解后的细节分量分别如图 7-9、图 7-10 所示。

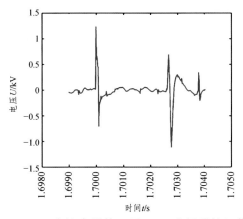

图 7-9　MMC₁直流电压第 2 层 SVD 分解后的细节分量

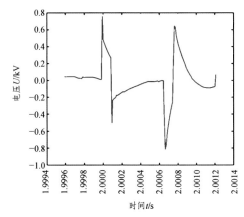

图 7-10　MMC₂直流电压第 2 层 SVD 分解后的细节分量

仿真中过渡电阻为 50 Ω，故障距离为 50 km，故障距离计算公式为：

$$x = \frac{\Delta t \times v}{2} = 2.877\ 7 \times 10^8 \times (108 - 41) \times 5 \times 10^{-6} / 2 = 48.2\ \text{km}$$

误差为 1.8%。

### 7.1.3.3 分析法测距验证

直流线路上距离 $MMC_1$ 换流站 2 km 处设置双极短路故障，过渡电阻为 1 Ω，故障发生时间为 2 s，1 ms 后变换器闭锁，采样频率为 10 kHz，数据窗长度为 0.5 ms，各采样时刻计算所得故障距离和过渡电阻如图 7-11 所示。

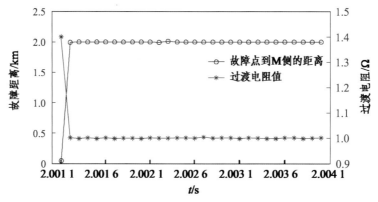

图 7-11 故障距离与过渡电阻计算值

在不同位置处，分别设置过渡电阻为 0.1 Ω、1 Ω、5 Ω、20 Ω进行验证，如表 7-1 所示为不同位置发生双极短路故障后的定位结果，定位误差公式如下：

$$误差率 = \left| \frac{实际位置 - 计算位置}{线路全长} \right| \times 100\% \tag{7-10}$$

验证结果表明所提方法有较高的定位精度。

表 7-1 极间短路故障测距结果

| 故障距离/km | 过渡电阻/Ω | 定位结果/km | 误差/% |
|---|---|---|---|
| 10 | 0.1 | 9.6 | 0.4 |
| 10 | 1 | 10.1 | 0.1 |
| 10 | 5 | 10.4 | 0.4 |

续表

| 故障距离/km | 过渡电阻/Ω | 定位结果/km | 误差/% |
| --- | --- | --- | --- |
| 10 | 20 | 10.2 | 0.2 |
| 35 | 0.1 | 34.9 | 0.1 |
| 35 | 1 | 34.8 | 0.2 |
| 35 | 5 | 35.3 | 0.3 |
| 35 | 20 | 35.8 | 0.8 |
| 75 | 0.1 | 74.4 | 0.6 |
| 75 | 1 | 74.5 | 0.5 |
| 75 | 5 | 75.3 | 0.3 |
| 75 | 20 | 74.4 | 0.4 |
| 90 | 0.1 | 90.1 | 0.1 |
| 90 | 1 | 89.2 | 0.8 |
| 90 | 5 | 89.5 | 0.5 |
| 90 | 20 | 90.5 | 0.5 |

## 7.2　渐进性故障定位方法

### 7.2.1　单极故障定位方法

如图 7-12 所示为直流升压汇集系统的直流输电部分简图，$MMC_1$ 为整流站，$MMC_2$ 为逆变站。$F$ 点为发生单极接地故障处，当 $F$ 点从 $M$ 点→$N$ 点时，在 $M$ 点所测电压暂态量会呈规律性变化，后面将予以说明。

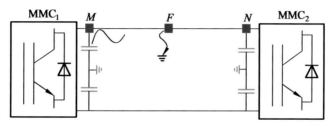

图 7-12　双极柔性直流输电系统简图

图 7-13 给出了基于相似度的单极故障定位方法流程。首先，使用所提理论计算方法建立小样本数据库；其次，采用线性插值的方式扩充数据库，线性插值的方式很大程度上减少了计算量，但不影响精度；最后，测量单端电压量，与数据库进行比对，计算相似度，给出结果。

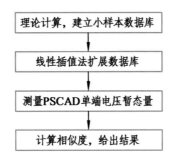

图 7-13　基于相似度的单极故障定位方法流程

## 7.2.2　单极故障测距的理论分析

### 7.2.2.1　电压暂态量理论计算

图 7-12 中的线路可用如图 7-14 所示的分布参数传输线表示，图中每一单位长度的线路电阻、电感、电容分别为 $R_{dx}$、$L_{dx}$、$C_{dx}$，两端电容大小为 $C_1$。线路上端为正极、下端为负极。

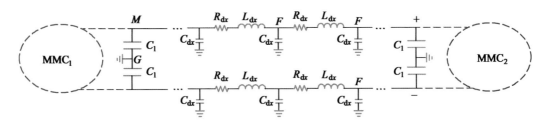

图 7-14　光伏直流升压汇集电缆分布参数模型

$F$ 处发生单极接地故障后，光伏直流升压汇集系统中变换器闭锁，因为时间极短，忽略对电压暂态量的影响，则 $M$、$F$、$G$ 之间形成回路。图 7-15 给出了拉普拉斯域下 $M$、$F$、$G$ 形成的故障附加网络。设 $s$ 为复变量，每个分布电容上的电压为 $U_{1s}, U_{2s}, \cdots, U_{ns}$，则 $M$ 点在时域中的对地电压 $U_{MG} = V_0 + L^{-1}(U_{ns})$（即故障前电压与故障附加网络形成电压之和），正常稳定运行时，线路正极对地电压为 $V_0$。

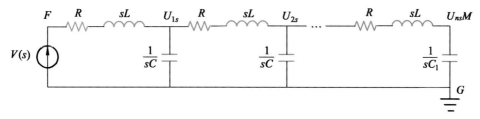

图 7-15　拉式域下故障附加网络

假设 $F$ 处电压符合式（7-11）：

$$V(t)=\begin{cases}0 & t<0\\-V_0 & t>0\end{cases} \tag{7-11}$$

则 $V(s)=-V_0/s$。又因为故障附加网络 0 时刻之前的电感电流、电容电压都为 0，故此电路在拉氏域中，电感、电容的大小分别为 $sL$、$\dfrac{1}{sC}$。

对图 7-15 所示的电路运用节点电压法，可得式（7-12）：

$$\begin{bmatrix} 1 & -\dfrac{Y}{2Y+B} & 0 & \cdots & 0 \\ -\dfrac{Y}{2Y+B} & 1 & -\dfrac{Y}{2Y+B} & \cdots & 0 \\ 0 & -\dfrac{Y}{2Y+B} & 1 & \ddots & \vdots \\ \vdots & \vdots & \ddots & \ddots & -\dfrac{Y}{2Y+B} \\ 0 & 0 & \cdots & -\dfrac{Y}{Y+B_1} & 1 \end{bmatrix}_{n\times n} \begin{bmatrix} u_{1s} \\ u_{2s} \\ u_{3s} \\ \vdots \\ u_{ns} \end{bmatrix}_{n\times1} = \begin{bmatrix} -\dfrac{YV(s)}{2Y+B} \\ 0 \\ 0 \\ \vdots \\ 0 \end{bmatrix}_{n\times1} \tag{7-12}$$

其中，$Y=1/(R+sL)$，$B=sC$，$B_1=sC_1$。

求解式（7-12），得到 $u_{ns}$：

$$u_{ns}=\frac{-(-a)^{n-2}bc}{X_{n-1}-abX_{n-2}},\quad (X_1=1,\ X_2=1-a^2,\cdots,X_n=X_{n-1}-a^2X_{n-2}) \tag{7-13}$$

其中，$a=\dfrac{Y}{2Y+B}$，$b=\dfrac{Y}{Y+B_1}$，$c=-\dfrac{YV(s)}{2Y+B}$。

最后利用拉普拉斯反变换，可求出时域中电压 $u_n$ 的数值解，进而求得单端电压暂态量 $U_{MG}$。

### 7.2.2.2 过渡电阻对电压暂态量的影响

考虑故障接地过渡电阻时，图 7-15 的电路网络变为如图 7-16 所示的拉氏域下含过渡电阻的故障附加网络，其中 $R_1$ 为过渡电阻。

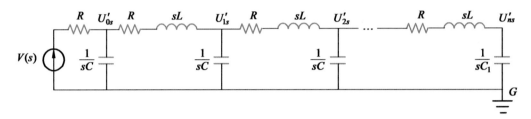

图 7-16 含过渡电阻的故障附加网络

由此新的故障附加网络，可得式（7-14）：

$$
\begin{bmatrix}
1 & -\dfrac{Y}{Y+Y_1+B} & 0 & \cdots & 0 \\[2ex]
-\dfrac{Y}{2Y+B} & 1 & -\dfrac{Y}{2Y+B} & \cdots & \vdots \\[2ex]
0 & -\dfrac{Y}{2Y+B} & 1 & \ddots & 0 \\[2ex]
\vdots & \vdots & \ddots & \ddots & -\dfrac{Y}{2Y+B} \\[2ex]
0 & 0 & \cdots & -\dfrac{Y}{Y+B_1} & 1
\end{bmatrix}_{(n+1)\times(n+1)}
\begin{bmatrix}
u'_{0s} \\ u'_{1s} \\ u'_{2s} \\ \vdots \\ u'_{ns}
\end{bmatrix}_{(n+1)\times1}
=
\begin{bmatrix}
-\dfrac{Y_1 V(s)}{Y+Y_1+B} \\ 0 \\ 0 \\ \vdots \\ 0
\end{bmatrix}_{(n+1)\times1}
$$

$$（7\text{-}14）$$

下面分析 $u'_{ns}$ 与 $u_{ns}$ 的关系，令

$$
-\frac{Y}{Y+Y_1+B} = -\frac{Y}{2Y+B}\frac{2Y+B}{Y+Y_1+B} = ak_1
$$

$$
-\frac{Y_1 V(s)}{Y+Y_1+B} = -\frac{Y V(s)}{2Y+B}\frac{2Y+B}{Y+Y_1+B}\frac{Y_1}{Y} = ak_1 k_2
$$

其中，$Y_1 = \dfrac{1}{R_1}$，$k_1 = \dfrac{2Y+B}{Y+Y_1+B} = \dfrac{LCs^2+RCs+2}{LCs^2+RCs+1+k_2}$，$k_2 = \dfrac{Y_1}{Y} = \dfrac{R}{R_1} + s\dfrac{L}{R_1}$。

因为 $R_1 \gg L$，所以 $k_1$、$k_2$ 会在极短的时间内变为 1，即加入过渡电阻后，$u'_{ns}$ 与 $u_{ns}$ 的振荡周期不变。

## 7.2.3　单极故障测距理论计算

### 7.2.3.1　MMC 仿真模型

光伏直流升压汇集接入系统主要由整流站、逆变站和直流输电线路构成，如图 7-17 所示。图中，$MMC_1$ 为整流站；$MMC_2$ 为逆变站；$L_1$ 为电抗器；$T_1$ 和 $T_2$ 为变压器。$MMC_1$ 采用定直流电压与无功功率控制方式，$MMC_2$ 采用定有功功率与无功功率控制方式。直流电缆正常工作电压为 $\pm 30\,\mathrm{kV}$，光伏端向交流电网传输功功率为 30 MW。

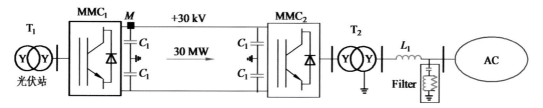

图 7-17　双极柔性直流输电仿真系统

图 7-18 给出了图 7-17 中直流电缆的几何参数：所取直流电缆长度为 20 km；曲线拟合频率范围为 0.001 ~ 100 000 Hz；大地电阻率为 $100\,\Omega\cdot\mathrm{m}$；相对磁导率为 1.0，电缆中心距离地面 1.0 m；电缆采用 2 层结构，其中导体的电阻率为 $2.82\times10^{-8}\,\Omega\cdot\mathrm{m}$，绝缘体的相对介电常数为 4.1，且内外介质的相对磁导率都为 1。

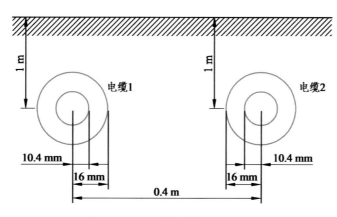

图 7-18　直流电缆的几何参数

### 7.2.3.2　理论计算与仿真结果

基于电磁场理论和电线电缆手册，计算出图 7-18 中电缆直流电阻、电感、电容分别为：$R = 2.94 \times 10^{-4}$ Ω/m, $L = 4.95 \times 10^{-6}$ H/m, $C = 5.28 \times 10^{-10}$ F/m；电容 $C_1 = 150$ μF。

图 7-19（a）、（b）给出了单极直流线路不同位置在 0.3 s 发生故障且过渡电阻分别为 0 Ω 或 5 Ω 时，整流侧 M 点处电压暂态量的理论计算与仿真结果的对比。图中给出了不同故障距离处的对比情况，可以看出，理论计算值跟仿真值略有差别，这主要是因为仿真时考虑高压直流线路的集肤效应，采用了相域频变模型。

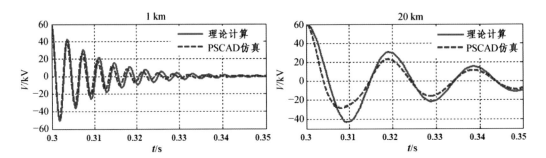

（a）过渡电阻为 0 Ω 时电压暂态量的理论计算值与仿真结果对比

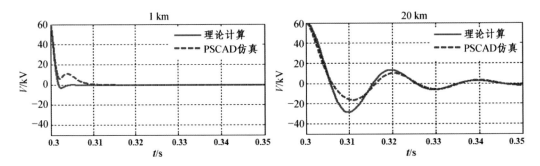

（b）过渡电阻分别为 5 Ω 时电压暂态量的理论计算值与仿真结果对比

图 7-19　不同过渡电阻与不同距离处电压暂态量的理论计算值与仿真值

为了进一步对比理论计算与仿真结果，可计算理论计算值与仿真值之间的相似度。相似度采用相关系数。两个 $n$ 维向量 $X = (x_1 \quad x_2 \quad \cdots \quad x_n)$ 和 $Y = (y_1 \quad y_2 \quad \cdots \quad y_n)$ 的相似度为：

$$r = \frac{\sum\limits_{i=1}^{n}(x_i - \overline{x})(y_i - \overline{y})}{\sqrt{\sum\limits_{i}^{n}(x_i - \overline{x})^2 \sum\limits_{i}^{n}(y_i - \overline{y})^2}}, \quad 且 \begin{cases} |r| = 1, X 与 Y 完全相同 \\ |r| > 0.8, \ X 与 Y 高度相似 \\ |r| < 0.3, \ X 与 Y 低度相似 \end{cases}$$

图 7-20 给出了不同过渡电阻下、不同距离处的理论计算值与仿真值的相关系数，所有的相关系数都大于 0.99，说明理论值与仿真值相似度很高。因为故障点距离测量点近时，电压暂态量振荡频率较高，理论计算值与仿真值偏差引起故障距离近时相关系数降低。

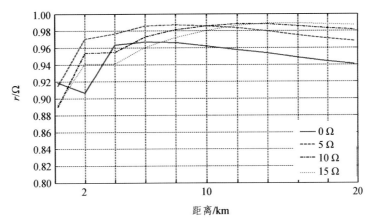

图 7-20　理论计算值与仿真值相似度

## 7.2.4　基于相似度计算的故障定位

考虑到理论计算值与仿真值相似度较高，故使用理论计算值作为数据库。若以线路长度 100 m 为基本单元计算，全部采用理论计算的话复杂度很高。鉴于此，采用线性插值的方式，用较小的样本得到大数据库而不失精度。

### 7.2.4.1　数据库的建立与扩展

使用上节中的电缆参数计算接地故障分别发生在线路上 0 ~ 100 km（间隔为 1 km）处时 M 点的电压暂态量。以 0.05 s 持续时间段的电压暂态量作为初始小样本数据库。

如图 7-21 所示为利用二维线性插值对离散的电压量进行插值后的示意图，其中 $x$ 轴为时间，$y$ 轴为距离，$z$ 轴为电压幅值。插值后距离分辨率为 0.1 km，极大降低了建立数据库的计算量。图 7-21（a）给出了过渡电阻为 0 时，电压暂态量随距离和时间变化的三维图。为了有效地观察，图 7-21（b）给出了图 7-21（a）的俯视图。从图中可以明显看出电压暂态量随距离变化时近似线性的变化规律。

考虑到过渡电阻的影响，计算从 0 ~ 15 Ω（间隔 1 Ω）的初始样本数据，并对电压暂态量进行线性插值。插值后，距离分辨率为 0.1 km，过渡电阻分辨率为 0.1 Ω。图 7-22（a）为时间、距离、过渡电阻与电压幅值的切片图。图 7-21（b）为图 7-22（a）

的主视图。当故障发生在 50 km 处，从图 7-22（b）中的两条虚线（表示电压幅值为 0 的点）的距离可以看出，过渡电阻对电压暂态量的振荡周期影响很小。

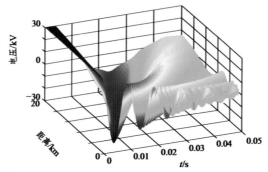

（a）过渡电阻为 0 时电压暂态量随距离和时间变化的三维图

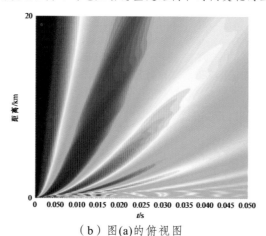

（b）图(a)的俯视图

**图 7-21　过渡电阻为 0 时的数据库**

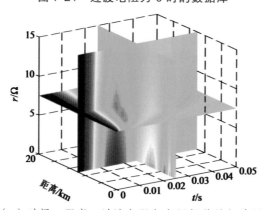

（a）时间、距离、过渡电阻与电压幅值的切片图

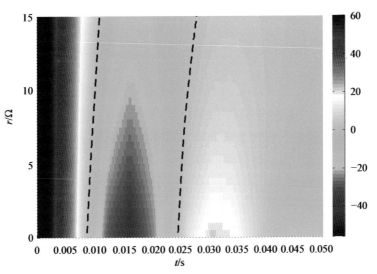

（b）图(a)的主视图

图 7-22　总数据库

## 7.2.4.2　故障定位

电压暂态量的相似度采用欧氏距离计算。两个 $n$ 维向量 $(x_{11}\ \ x_{12}\ \ \cdots\ \ x_{1n})$ 和 $(x_{21}\ \ x_{22}\ \ \cdots\ \ x_{2n})$ 的欧式距离：$d_{12}=\sqrt{\sum\limits_{k=1}^{n}(x_{1k}-x_{2k})^2}$。用数据库中的电压量与测得的电压量进行对比，相似度最高者即作为测量距离。

基于上节插值所建数据库，使用相似度进行故障定位。表 7-2 中给出了各实际距离与测量距离的比较结果。从表 7-2 中可以看出，基于数据库的测量距离与实际距离的相对误差基本小于 1%，绝对误差基本小于 0.5 km，具有较高的精度。

表 7-2　单极故障测距结果

| 过渡电阻/Ω | 0.5 | 4.3 | 9.2 | 14.3 | 0.5 | 4.3 | 9.2 | 14.3 | 0.5 | 4.3 | 9.2 | 14.3 |
|---|---|---|---|---|---|---|---|---|---|---|---|---|
| 实际距离/km | 测量距离/km | | | | 绝对误差/km | | | | 相对误差/% | | | |
| 0.79 | 0.70 | 0.70 | 0.70 | 0.70 | 0.02 | 0.02 | 0.02 | 0.02 | 2.94 | 2.94 | 2.94 | 2.94 |
| 3.40 | 3.50 | 3.40 | 3.40 | 3.40 | 0.10 | 0.00 | 0.00 | 0.00 | 2.94 | 0.00 | 0.00 | 0.00 |
| 17.40 | 17.90 | 17.70 | 17.70 | 17.70 | 0.40 | 0.30 | 0.20 | 0.20 | 2.44 | 1.93 | 1.22 | 1.22 |

## 7.2.5  间歇性高阻接地检测

### 7.2.5.1  高阻接地暂态方向检测

1. 典型的功率方向理论

如图 7-23 所示为中性点非谐振接地系统（中性点不接地或者经过电阻接地）。规定从母线到支路为正方向，反之为负方向。同时基于经典功率定义，电容支路产生无功，电感支路消耗无功，而电阻支路消耗有功。

从故障线路上看（图 7-23 中的 IF 处），负方向的系统都是容性的，因故障扰动产生的功率流动中，无功 $Q_{\text{fault}}$ 正方向为从母线到故障线路。因为电源 AC 在故障线路上，有功 $P_{\text{fault}}$ 的方向为从线路到母线，为负方向。同理，从健全线路上看（图 7-23 中的 IH 处），正方向的系统都是容性的，无功 $Q_{\text{health}}$ 的方向为从线路流向母线，为负方向；有功 $P_{\text{health}}$ 的方向为从母线流向线路，为正方向。

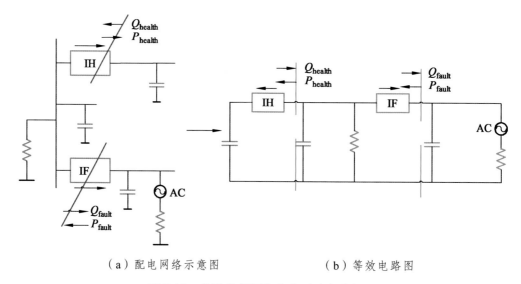

（a）配电网络示意图　　　　　　（b）等效电路图

图 7-23　故障分量网络中典型功率流向图

因分布参数线路中的分布电导很小，有功量级很小，高频信号通过分布电容构成回路，而电容容抗在高频段相对较小。因此，无功的流向成为检测暂态方向的重要指标。

## 2. 瞬时功率方向的定义

上述关于功率方向的分析适用于正弦稳态的状况。在暂态非工频正弦情况下，需要对功率，尤其是无功重新进行定义，使得瞬时功率满足以下条件：

（1）对于任何频率分量，在一个周期内的瞬时功率的积分对时间求平均得到的正弦量的幅度为无功功率。无功功率的数值能够反映负荷特性。

（2）感性系统吸收无功功率，计算得到的无功功率为负值；容性系统发出无功功率，计算得到的无功功率为正值。

传统基于工频正弦的无功功率定义是上述定义的特例。上述条件（1）保证了基于瞬时无功功率理论的暂态方向算法能够通过极性表示故障方向；条件（2）保证了从定义上看，方向元件在故障暂态和故障稳态中都能够正常工作。

## 3. 基于希尔伯特变换的瞬时功率

基于希尔伯特变换的瞬时功率能够满足上述要求，是本节数字信号处理部分采用的算法。时域中的希尔伯特变换可以写成：

$$h(t) = \frac{1}{\pi t}, -\infty < t < +\infty \tag{7-15}$$

在频域中，希尔伯特变换可以写成：

$$H(\omega) = -\mathrm{jsgn}(\omega) = \begin{cases} -\mathrm{j}, & \omega > 0 \\ 0, & \omega = 0 \\ \mathrm{j}, & \omega < 0 \end{cases} \tag{7-16}$$

由上式可知，希尔伯特变换可以看作一个全通滤波器，该滤波器对所有的正频率分量有 – 90°的相移。

对于特定频率为 $\omega$ 的正弦电压、电流信号，电压和电流的瞬时值可以写作：

$$\begin{cases} u = \sqrt{2}U \cos \omega t \\ i = \sqrt{2}I \cos(\omega t - \varphi) \end{cases} \tag{7-17}$$

式（7-17）中的功率瞬时表达式可以写作：

$$p = ui = UI \cos \varphi \cdot (1 + \cos 2\omega t) + UI \sin \varphi \cdot \sin 2\omega t \tag{7-18}$$

第一部分 $UI \cos \varphi \cdot (1 + \cos 2\omega t)$ 是有功功率部分，表示实际能量的损耗。一个周波的平均有功功率 $UI \cos \varphi$ 可以通过对 $p$ 在一个周波求平均值得到。第二部分 $UI \sin \varphi \cdot \sin 2\omega t$ 是无功功率部分，其波动的幅值 $UI \sin \varphi$ 是传统无功的定义。$UI \sin \varphi$ 的极性也反映了系统的特性（容性或感性）。

求出 $UI\sin\varphi$ 量值可以采用的一种方法就是对电压进行希尔伯特变换：按照理想希尔伯特变换的结果，电压 $u$ 产生 $-90°$ 的相移，式（7-18）就变为：

$$p' = \sqrt{2}U\cos\left(\omega t - \frac{\pi}{2}\right) \cdot \sqrt{2}I\cos(\omega t - \varphi)$$

$$= UI\sin\varphi \cdot (1 + \cos 2\omega t) + UI\cos\varphi \cdot \sin 2\omega t \tag{7-19}$$

通过对 $p'$ 在一个周波内求平均值就能够得到频率为 $\omega$ 时无功的量值。$\varphi$ 是该频率段电压和电流的相角差（$\varphi = \varphi_u - \varphi_i$）。

$$Q = UI\sin\varphi = \sin(\varphi_u - \varphi_i) \tag{7-20}$$

对于非正弦信号，首先以 $\omega$ 作为基波频率，其傅里叶级数分解为：

$$\begin{cases} u(t) = \sum_{n=1}^{\infty} \sqrt{2}U\cos(n\omega t + \varphi_{un}) \\ i(t) = \sum_{n=1}^{\infty} \sqrt{2}I_n\cos(n\omega t + \varphi_{in}) \end{cases} \tag{7-21}$$

在对电压进行希尔伯特变换之后，得到：

$$HT(u)(t) = \sum_{n=1}^{\infty} \sqrt{2}U_n\sin(n\omega t + \varphi_{un}) \tag{7-22}$$

对上述基波的一个周期 $T$ 进行平均，得到瞬时无功功率的平均值为：

$$\begin{cases} P(t) = \dfrac{1}{T}\int_{t-T}^{t} u(\tau) \cdot i(\tau)\mathrm{d}\tau \\ Q(t) = \dfrac{1}{T}\int_{t-T}^{t} HT(u)(\tau) \cdot i(\tau)\mathrm{d}\tau \end{cases} \tag{7-23}$$

由式（7-23）可以得到：

$$Q = \sum_{n=1}^{\infty}\left[\frac{2U_nI_n}{T}\int_0^T \sin(n\omega t + \varphi_{un})\cos(n\omega t + \varphi_{in})\mathrm{d}t\right]$$

$$= \sum_{n=1}^{\infty}[U_nI_n\sin(\varphi_{un} - \varphi_{in})] \tag{7-24}$$

在一个基波周期内求出的瞬时有功的平均值为：

$$P = \sum_{n=1}^{\infty}[U_nI_n\cos(\varphi_{un} - \varphi_{in})] \tag{7-25}$$

对于中性点经电阻接地或不接地系统，系统的容性或感性特性对任何频率分量都是一致的。因此，在 $Q(t)$ 的不同频率成分都表现出相同的极性。同时，对于正弦稳态信号，$Q(t)$ 和传统的无功定义相一致，具有以下特点：

$Q(t)$ 的计算充分考虑了高频分量，而高频分量是间歇性故障重要的成分。$Q(t)$ 的极性仅取决于系统的特性。另外，$Q(t)$ 计算中的平均值操作能够滤除局部的噪声和干扰，算法更稳定。$Q(t)$ 的计算实际是一个有限冲击响应（FIR）滤波器，可以很容易在保护平台中实现。

在中性点经过消弧线圈接地的系统中不能用 $Q(t)$ 判断方向，因为无功定义的条件（1）已经不能满足了，而采用 $P(t)$ 从理论上讲是可行的。

实际计算中，希尔伯特变换是输入信号 $x(t)$ 和希尔伯特函数 $h(t)$ 的柯西主值卷积[因为 $h(t)$ 实际是不可积分的函数]：

$$HT(x)(t) = p \cdot v \cdot \int_{-\infty}^{\infty} x(\tau)h(x-\tau)\mathrm{d}\tau \qquad (7\text{-}26)$$

数字化实现时，希尔伯特变换是通过希尔伯特滤波器实现的，对于离散信号 $x[n]$，离散希尔伯特变换可以写作：

$$HT(x)[n] = h[n] * x[n] \qquad (7\text{-}27)$$

式中，$h[n]$ 的定义如下：

$$h[n] = \begin{cases} 0, & n = 2k \\ \dfrac{2}{n\pi}, & n = 2k+1 \end{cases} \qquad (7\text{-}28)$$

## 7.2.5.2　高阻接地暂态电压分量检测

常规高压直流输电系统中，两端直流系统可利用变换器、平波电抗器、直流滤波器等边界元件构造线路保护方案，从而实现故障区段的可靠、快速识别。直流升压汇集系统中的换流站为 MMC 换流站，理论上不再需要直流滤波器和直流侧大电容。实际中会在直流线路两端分别装设直流电抗器，以降低故障危害，提高换流站故障穿越及电网故障生存能力，因此考虑以直流线路两端安装的直流电抗器作为线路边界。

根据叠加原理，故障后的暂态分量包含故障前的稳态分量和故障附加分量。正常运行时，暂态谐波含量较低，而故障后明显增加。因此，为了分析简便，仅对故障附加分量进行分析，以突出故障的暂态特性。如图 7-24 所示为光伏直流升压汇集接入系统直流段线路分别发生线路故障时某一频率下的故障附加网络示意图（假设被保护线路两端保护分别为保护 M 和保护 N，且以单极接地故障为例进行分析）。考虑到线路分布电容远小于换流站子模块电容，分析时将其忽略。其中，$Z_{SM}$ 和 $Z_{SN}$ 分别代表保护 M 和保护 N 背侧系统在该频率下的等效阻抗，M 背侧系统等值阻抗为两个 MMC 换流站和一个高频变压器阻抗之和，N 背侧系统等值阻抗为一 MMC 换流站和一换流变压器的等值阻抗和；$L$ 代表线路两端安装的直流电抗器电感值；$U_{line}$ 和 $U_{bus}$ 分别代表直流电抗器的线路侧和母线侧电压在该频率下的暂态分量；$R_f$ 代表接地过渡电阻。

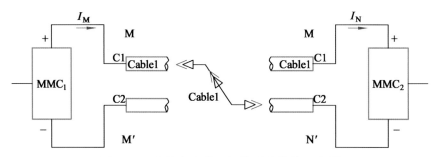

图 7-24　光伏直流升压汇集系统简化示意图

如图 7-25（a）所示，当保护区内发生故障时，M 端和 N 端对应直流电抗器两侧电压在该频率下的暂态分量幅值比分别可以表示为：

$$\left|\frac{U_{M\_line}}{U_{M\_bus}}\right| = \left|\frac{Z_{SM} + j\omega L}{Z_{SM}}\right| \tag{7-29}$$

$$\left|\frac{U_{N\_line}}{U_{N\_bus}}\right| = \left|\frac{Z_{SN} + j\omega L}{Z_{SN}}\right| \tag{7-30}$$

如图 7-25（b）所示，当保护区外发生故障时（以保护 M 背侧发生故障为例），M 端和 N 端对应直流电抗器两侧电压在该频率下的暂态分量幅值比分别可以表示为：

$$\left|\frac{U_{M\_line}}{U_{M\_bus}}\right| = \left|\frac{Z_{SN} + (R_1 + j\omega L_1) + j\omega L}{Z_{SN} + (R_1 + j\omega L_1) + 2j\omega L}\right| \tag{7-31}$$

$$\left|\frac{U_{N\_line}}{U_{N\_bus}}\right| = \left|\frac{Z_{SN} + j\omega L}{Z_{SN}}\right| \tag{7-32}$$

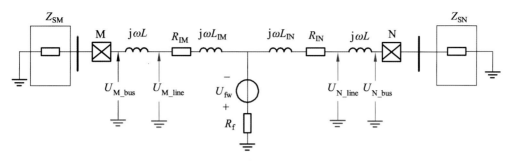

（a）区内故障频域附加网络

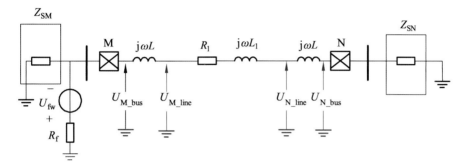

（b）区外故障频域附加网络

图 7-25　直流升压汇集接入系统直流线路故障频域附加网络

　　下面分析保护背侧系统等效阻抗的特性。直流线路发生单极接地故障时，换流站可以等效成如图 7-26 所示的阻抗网络。图中，$L_r$、$C$ 分别代表桥臂电感和子模块电容值；$n_a$、$n_b$、$n_c$ 分别为故障极对应三相桥臂投入的子模块数量，在故障发生至换流站闭锁期间，$n_a$、$n_b$、$n_c$ 由于控制策略的作用而不断变化，各自的最大值均为一个桥臂的子模块数量 $N$。

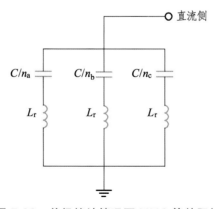

图 7-26　单极接地情况下 MMC 等效阻抗

假设 $n_a$、$n_b$、$n_c$ 均等于其最大值，即等于桥臂子模块数量 $N$，则有：

$$Z_C = \frac{1}{3} \mathrm{j} \left( \omega L_r - \frac{N}{\omega C} \right) \qquad (7\text{-}33)$$

当 $\omega > \sqrt{N/(L_r C)}$ 时，换流站的等效阻抗呈现感性。考虑到变压器的等值模型只会使保护背侧系统的感性特征更加明显，故当频率较高时必有保护背侧系统等效阻抗 $Z_{SM}$ 和 $Z_{SN}$ 呈感性，故当频率高于 $\sqrt{N/(L_r C)}$ 时，可以根据直流电抗器两侧（线路侧与母线侧）的电压暂态分量幅值比来区分区内、区外故障。当发生区内故障时，对于线路两端保护而言均为正方向故障，两端直流电抗器两侧电压暂态分量幅值均满足线路侧大于母线侧；当发生区外故障时，对于被保护线路其中一端保护而言，相当于发生背侧故障，相应的直流电抗器两侧电压暂态分量幅值满足母线侧大于线路侧。

根据以上分析，直流线路发生单极高阻接地故障时，由于该判据方法与过渡电阻大小无关，只与系统结构及参数有关，故对于高阻接地，该判据仍然适用。

直流线路高阻接地保护方案如下：

保护功能划分包括故障启动、故障检测、故障识别和故障选极。其中，故障启动可参考常规直流输电线路保护，利用 $\mathrm{d}u/\mathrm{d}t$、$\mathrm{d}i/\mathrm{d}t$ 实现故障后保护算法的快速启动；故障检测判据主要功能在于可靠区分正常运行（包括扰动）与故障，一般采用过电流、低电压和电压不平衡判据，在故障启动之后，进行故障识别，若两端直流电抗器两侧电压暂态分量幅值均满足线路侧大于母线侧，则可判断发生了单极接地故障。此判据具有很好的抗过渡电阻能力，在故障选极后发送跳闸信号。

常规直流输电系统直流线路保护中故障选极主要利用单极接地时故障极电压暂态能量远大于非故障极电压暂态能量的特点，可靠区分故障极与健全极。但是在 MMC 型直流系统中发生单极接地故障以后，故障极电压快速下降，产生明显的暂态能量，同时非故障极电压幅值将在定直流电压控制策略作用下快速同步上升，所以非故障极电压也将出现明显的暂态能量。常规直流输电系统中基于暂态能量差异的故障选极判据无法再适用于 MMC 型直流系统。

结合 MMC 型直流系统故障暂态特征，提出一种简单可靠的故障选极判据。发生单极接地故障时，故障极电压幅值会快速跌落，而非故障极电压幅值则快速上升。值得注意的是，在 MMC 型直流系统中，单极接地故障时不存在电容放电通路或者放电通路中存在大电阻，其故障电流一般很小（具体取决于系统采用的接地方式）。考虑故障点电压，即使存在较大的过渡电阻，由于故障电流很小，过渡电阻对故障点的电压抬升作用也不明显。而且柔性直流系统中以直流电压为控制目标，而正、负极电压各自的惯性很小，因此，即使在较大过渡电阻的情况下，故障极电压也会存在快速而明显的跌落，健全极电压则会明显上升，故选极判据如下：

$$\begin{cases} 负极故障: \left| \dfrac{U_{\text{DCP}}}{U_{\text{DCN}}} \right| > K_{\text{set}} \\[3mm] 正极故障: \left| \dfrac{U_{\text{DCP}}}{U_{\text{DCN}}} \right| < \dfrac{1}{K_{\text{set}}} \\[3mm] 极间故障: \dfrac{1}{K_{\text{set}}} < \left| \dfrac{U_{\text{DCP}}}{U_{\text{DCN}}} \right| > K_{\text{set}} \end{cases} \qquad (7\text{-}34)$$

式中，$U_{\text{DCP}}$、$U_{\text{DCN}}$ 分别为正、负极电压；$K_{\text{set}}$ 为设定的比值系数，考虑一定的裕度，该值一般可设为略大于 1 的一个值。

## 7.3　本章小结

本章将主动脉冲发射技术与故障电气量求解分别应用于光伏升压汇集接入系统，提出了快速定位故障线路的主动测距方案和分析法测距方案。针对渐进性故障，分析了系统直流线路故障时的电压暂态量，给出了一种基于理论计算、线性插值与相似度评估的故障定位方法。最后，针对间歇性高阻接地故障，给出了一种基于两端直流电抗器电压暂态分量幅值的分析方法，可有效检测与定位故障。

# 参考文献

[ 1 ] CHOI H, CIOBOTARU M, AGELIDIS V G. Cascaded H-bridge converter with multiphase isolated DC/DC converter for large-scale PV system[C]// IEEE International Conference on Industrial Technology. Busan：[s.n.],2014：455-471.

[ 2 ] AJAYKUMAR L , SRINIVASARAO P. Modeling of residential microgrid application Integrated with full-bridge-forward DC-DC converter[J]. International Journal of Engineering Sciences & Research Technology，2014，3（11）：117-121.

[ 3 ] GU L，KONG Y，JIN K，et al. Input-parallel output-series isolated DC-DC converter for PV generation system[C]// 2013 4th IEEE International Symposium on Power Electronics for Distributed Generation Systems (PEDG). Rogers：[s.n.]，2014：1-9.

[ 4 ] MANIAS S N，KOSTAKIS G. Modular DC-DC convertor for high-output voltage applications[J]. Electric Power Applications Iee Proceedings B，1993，140（2）：97-102.

[ 5 ] ECHEVERRIA J，KOURO S，PEREZ M，et al. Multi-modular cascaded DC-DC converter for HVDC grid connection of large-scale photovoltaic power systems[C]// IECON 2013-39th Conference of the IEEE Industrial Electronics Society. Vienna：[s.n.]，2013：6999-7005.

[ 6 ] HAN B M，JEONG J K. Switching-level simulation model of MMC-based back-to-back converter for HVDC application[C]// International Power Electronics Conference. Hiroshima: [s.n.]，2013：937-943.

[ 7 ] ROHNER S，WEBER J，BERNET S. Continuous model of Modular Multilevel Converter with experimental verification[C]// Energy Conversion Congress and Exposition. Arizona：[s.n.]，2011：4021-4029.

[ 8 ] DIAZ G B，SUUL J A，D'ARCO S. Small-signal state-space modeling of modular multilevel converters for system stability analysis[C]// Energy Conversion Congress and Exposition. Montreal：[s.n.]，2015：5922-5929.

[ 9 ]  DEBNATH S, QIN J, BAHRANI B, et al. Operation, control, and applications of the modular multilevel converter: a review[J]. IEEE Transactions on Power Electronics, 2014, 30（1）: 37-53.

[10]  HAGIWARA M, MAEDA R, AKAGI H. Theoretical analysis and control of the modular multilevel cascade converter based on double-star chopper-cells （MMCC-DSCC）[C]//Power Electronics Conference. Sapporo: [s.n.], 2010: 2029-2037.

[11]  HAGIWARA M, AKAGI H. Control and experiment of pulsewidth-modulated modular multilevel converters[J]. IEEE Transactions on Power Electronics, 2009, 24（7）: 1737-1747.

[12]  LIANG J, JING T, GOMIS-BELLMUNT O, et al. Operation and control of multiterminal HVDC transmission for offshore wind farms[J]. IEEE Transactions on Power Delivery, 2011, 27（4）: 2597-2704.

[13]  EGEA A A, BIANCHI F, JUNYENT F A, et al. Voltage control of multiterminal VSC-HVDC transmission systems for offshore wind power plants: design and implementation in a scaled platform[J]. IEEE Transactions on Industrial Electronics, 2013, 70（7）: 2391-2393.

[14]  LI C, ZHAN P, WEN J, et al. Offshore wind farm integration and frequency support control utilizing hybrid multiterminal HVDC transmission[J]. IEEE Transactions on Industry Applications, 2015, 50（4）: 2799-2797.

[15]  GRÉGOIRE L A, FORTIN B H, et al. Real-time simulation of modular multilevel converter on FPGA with sub-microsecond time-step[C]// IECON 2014 - 40th Annual Conference of the IEEE Industrial Electronics Society.Dallas: [s.n.], 2015: 3797-3902.

[16]  BLANCHETTE H F, OULD B T, DAVID J P. A State-Space modeling approach for the FPGA-based real-time simulation of high switching frequency power converters[J]. IEEE Transactions on Industrial Electronics, 2012, 59（12）: 4555-4577.

[17]  NZIMAKO O, WIERCKX R. Modeling and simulation of a grid-integrated photovoltaic system using a real-time digital simulator[C]// 2015 Clemson University Power Systems Conference (PSC).Clemson: [s.n.], 2015: 1-9.

[18] NZIMAKO O，WIERCKX R. Stability and accuracy evaluation of a power hardware in the loop （PHIL）interface with a photovoltaic micro-inverter[C]// IECON 2015 - 41st Annual Conference of the IEEE Industrial Electronics Society. Yokohama：[s.n.]，2017：005291-005295.

[19] 王秋瑶. 高功率密度 DC/DC 变换器的研究[D]. 哈尔滨：哈尔滨工程大学，2013.

[20] 谢涛，谢运祥，胡炎申，等. 光伏发电系统高增益 DC/DC 变换器的研究[J]. 电器与能效管理技术，2011（9）：17-22.

[21] 杨晓峰，郑琼林，林智钦，等. 用于直流电网的大容量 DC/DC 变换器研究综述 [J]. 电网技术，2017，40（3）：770-777.

[22] 徐鹏威，刘飞，刘邦银，等. 几种光伏系统 MPPT 方法的分析比较及改进[J]. 电力电子技术，2007，41（5）：3-5.

[23] 温春雪，路国杰，孙夏，等. 并网中小型风电系统最大功率跟踪控制[J]. 可再生能源，2012，30（2）：13-17.

[24] YANBO C，DIANMENG W，XIAOKUN L. Design of dual-channel interleaved phase-shift full-bridge converter[J]. Journal of Electrical Engineering & Technology，2017，12（4）：1529-1537.

[25] WANG Y，YUAN Z，FU J. A novel strategy on smooth connection of an offline MMC station Into MTDC systems[J]. IEEE Transactions on Power Delivery，2017，31（2）：579-574.

[26] 陈耀军，陈柏超，田翠华，等. 模块化多电平变换器的系统状态方程及等效模型 [J]. 中国电机工程学报，2015，35（1）：177-178.

[27] 薛畅，申科，纪延超，等. 模块化多电平变换器的电容电压平衡方法[J]. 电力自动化设备，2014，34（7）：27-31.

[28] 李宽，李兴源，陈实，等. 光伏并网抑制由直流输电引起的次同步振荡的可行性分析[J]. 电力自动化设备，2015，35（3）：41-47.

[29] 袁艺嘉,赵成勇,苑宾,等. 弱交流电网条件下 VSC 无功类控制分析与优化[J]. 电网技术，2017，40（3）：797-703.

[30] 李程昊，詹鹏，文劲宇，等. 适用于大规模风电并网的多端柔性直流输电系统控制策略[J]. 电力系统自动化，2015（11）：1-7.

[31] 唐庚，徐政，薛英林，等. 基于模块化多电平变换器的多端柔性直流输电控制系统设计[J]. 高电压技术，2013，39（11）：2773-2792.

[32] 陆晓楠，孙凯，等. 适用于交直流混合微电网的直流分层控制系统[J]. 电工技术学报，2013，29（4）：35-42.

[33] 马秀达，康小宁，李少华，等. 多端柔性直流配电网的分层控制策略设计[J]. 西安交通大学学报，2017，50（9）：117-122.

[34] 林雪华，郭琦，郭海平，等. 基于 FPGA 的柔性直流实时仿真技术及试验系统[J]. 电力系统自动化，2017，41（12）：33-39.

[35] 苏丽萍，陈侃，李国杰，等. 基于 RTDS 的光伏并网系统实时仿真平台研究[J]. 电力系统保护与控制，2012，40（15）：110-115.

[36] 李秋硕，张剑，肖湘宁，等. 基于 RTDS 的机电电磁暂态混合实时仿真及其在 FACTS 中的应用[J]. 电工技术学报，2012，27（3）：219-227.

[37] 刘崇茹，林雪华，李海峰，等. 基于 RTDS 的模块化多电平变换器子模块等效模型[J]. 电力系统自动化，2013，37（12）：92-99.

[38] 李霞林，郭力，王成山，等. 直流微电网关键技术研究综述[J]. 中国电机工程学报，2017，37（1）：2-17.

[39] 鲁宗相，王彩霞，闵勇，等. 微电网研究综述[J]. 电力系统自动化，2007，31（19）：100-107.

[40] 施婕，郑漳华，艾芊. 直流微电网建模与稳定性分析[J]. 电力自动化设备，2010，30（2）：97-90.

[41] 吴卫民，何远彬，耿攀，等. 直流微网研究中的关键技术[J]. 电工技术学报，2012，27（1）：99-107.

[42] 杨新法，苏剑，吕志鹏，等. 微电网技术综述[J]. 中国电机工程学报，2014（1）：57-70.

[43] HUANG A Q, CROW M L, HEYDT G T, et al. The future renewable electric energy delivery and management （FREEDM）system：the energy internet[J]. Proceedings of the IEEE，2011，99（1）：133-149.

[44] 胡子珩，马骏超，曾嘉思，等. 柔性直流配电网在深圳电网的应用研究[J]. 南方电网技术，2014，9（7）：44-47.

[45] DÍAZ E R，SU X，SAVAGHEBI M，et al. Intelligent DC microgrid living laboratories - A Chinese-Danish cooperation project[C]// IEEE First International Conference on Dc Microgrids. Atlanta：[s.n.]，2015：370-375.

[46] GU Y，XIANG X，LI W，et al. Mode-Adaptive decentralized control for renewable DC microgrid with enhanced reliability and flexibility[J]. IEEE Transactions on Power Electronics，2014，29（9）：5072-5090.

[47] GUO L，FENG Y，LI X，et al. Stability analysis of a DC microgrid with master-slave control structure[C]// Energy Conversion Congress and Exposition. Pittsburgh：[s.n.]，2014：5792-5799.

[48] CUZNER R M，VENKATARAMANAN G. The status of DC micro-grid protection[C]// IEEE Industry Applications Society Meeting. Edmonton：[s.n.]，2009：1-9.

[49] 唐洪良，郑军，杨强. 直流微型电网保护系统的研究现状与关键技术[J]. 电工电气，2014，5（10）：1-7.

[50] 薛士敏，齐金龙，刘冲. 直流微网保护综述[J]. 中国电机工程学报，2017，37（13）：3404-3412.

[51] 刘剑，邰能灵，范春菊，等. 柔性直流输电线路故障处理与保护技术评述[J]. 电力系统自动化，2015,8（20）：159-177.

[52] PARK J D，CANDELARIA J，MA L，et al. DC ring-bus microgrid fault protection and identification of fault location[J]. IEEE Transactions on Power Delivery，2013，29（4）：2574-2594.

[53] MEGHWANI A，SRIVASTAVA S C，CHAKRABARTI S. A new protection scheme for DC microgrid using line current derivative[C]// Power & Energy Society General Meeting. Denver：[s.n.]，2015.

[54] SALOMONSSON D，SODER L，SANNINO A. Protection of low-voltage DC microgrids[J]. IEEE Transactions on Power Delivery，2009，24（3）：1045-1053.

[55] PARK J D，CANDELARIA J. Fault detection and isolation in low-voltage DC-bus microgrid system[J]. IEEE Transactions on Power Delivery，2013，29（2）：779-797.

[56] XUE S，GAO F，SUN W，et al. Protection principle for a DC distribution system with a resistive superconductive fault current limiter[J]. Energies，2015,9（7）：4939-4952.

[57]  许偲轩,陆于平.适用于含分布式电源配电网的纵联保护方案[J].电力系统自动
      化,2015,39(9).

[58]  DRAGICEVIC T,LU X,VASQUEZ J C,et al. DC Microgrids——Part II:A review
      of power architectures,applications,and standardization issues[J]. IEEE
      Transactions on Power Electronics,2017,31(5):3529-3549.

[59]  李斌,何佳伟.柔性直流配电系统故障分析及限流方法[J].中国电机工程学报,
      2015,35(12):3027-3037.

[60]  YANG J,FLETCHER J E,O'REILLY J. Short-Circuit and ground fault analyses and
      location in VSC-BASED DC network cables[J]. IEEE Transactions on Industrial
      Electronics,2012,59(10):3927-3937.

[61]  魏宝林.低压配电系统快速确定断路器整定电流值的原则[J].电工技术,2003,
      11(9):57-59.

[62]  于洋,孙学锋,高鹏,等.高压直流输电线路暂态保护分析与展望[J].电力系统
      保护与控制,2015,2(2):149-154.

[63]  李爱民,蔡泽祥,李晓华,等.高压直流输电线路行波保护影响因素分析及改进
      [J].电力系统自动化,2010,34(10):77-90.

[64]  ROBERT M . Special Report of the Intergovernmental Panel on Climate Change[J].
      Environmental Conservation,2012,28(23):284-293.

[65]  赵争鸣,雷一,贺凡波,等.大容量并网光伏电站技术综述[J].电力系统自动化,
      2011,35(12):101-107.

[66]  蔡文迪,朱淼,李修一,等.基于阻抗源变换器的光伏直流升压汇集系统[J].电
      力系统自动化,2017,15:17.

[67]  MONADI M,ZAMANI M A,CANDELA J I,et al. Protection of AC and DC
      distribution systems embedding distributed energy resources:A comparative review
      and analysis[J]. Renewable and Sustainable Energy Reviews,2015,51(3):
      1579-1593.

[68]  王新颖,汤广福,贺之渊,等.远海风电场直流汇集用 DC/DC 变换器拓扑研究
      [J].中国电机工程学报,2017,37(3):937-947.

[69]  贾科,顾晨杰,毕天姝,等.大型光伏电站汇集系统的故障特性及其线路保护[J].
      电工技术学报,2017,32(9):189-199.

[70] KUNDUR P，NEAL J B V，et al. Power system stability and control[M]. New York：McGraw-Hill，1994.

[71] 邰能灵，范春菊，胡炎. 现代电力系统继电保护原理[M]. 北京：中国电力出版社，2012.

[72] 江道灼，谷泓杰，尹瑞，等. 海上直流风电场研究现状及发展前景[J]. 电网技术，2015，39（9）：2424-2431.

[73] 张保会，尹项根. 电力系统继电保护[M]. 北京：中国电力出版社，2005.

[74] 李振兴，尹项根，张哲，等. 有限广域继电保护系统的分区原则与实现方法[J]. 电力系统自动化，2010，34（19）：49-52.

[75] 尹项根，汪旸，张哲. 适应智能电网的有限广域继电保护分区与跳闸策略[J]. 中国电机工程学报，2010 （7）：1-7.

[76] TERZIJA，VLADIMIR，et al. Wide-area monitoring，protection，and control of future electric power networks[J]. Proceedings of the IEEE，2011，99（1）：90-93.

[77] 徐天奇，尹项根，游大海，等. 广域保护系统功能与可行结构分析[J]. 电力系统保护与控制，2009，37（3）：93-97.

[78] 陈任峰，黄少伟，王志文，等. 光伏微电网分层式综合保护体系设计[J]. 电机与控制学报，2015，19（9）：9-14.

[79] 吴文宣. 大型电池储能电站保护的配置方案研究[J]. 电力系统保护与控制，2012，11（19）：144-149.

[80] 张望，黄利军，郝俊芳，等. 高压直流输电控制保护系统的冗余设计[J]. 电力系统保护与控制，2009，6（13）：89-91.

[81] IEEE. IEEE Standard for Interconnection and Interoperability of Distributed Energy Resources with Associated Electric Power Systems Interfaces-Amendment 1: To Provide More Flexibility for Adoption of Abnormal Operating Performance Category Ⅲ：IEEE 1547a-2020 [S]. 2020.

[82] 宋国兵，高淑萍，蔡新雷，等. 高压直流输电线路继电保护技术综述[J]. 电力系统自动化，2012，37（22）：123-129.

[83] 乔小敏，王增平，文俊. 高压直流输电中谐波对换流变压器差动保护的影响[J]. 电力系统保护与控制，2009，37（10）：111-114.

[84] 肖燕彩，义继锋，袁源，等．超高压直流系统中的换流变压器保护[J]．电力系统自动化，2007，30（9）：91-94.

[85] 朱韬析，王超．天广直流输电换流变压器保护系统存在的问题[J]．广东电力，2009，21（1）：7-10.

[86] YANG J, FLETCHER J E. REILLY O V J, et al. Multiterminal DC wind farm collection grid internal fault analysis and protection design[J]. IEEE Transaction on Power Delivery, 2010, 25（4）: 2309-2317.

[87] SUNG B C, PARK D K , PARK J W, et al. Study on optimal location of a resistive SFCL applied to an electric power grid[J]. IEEE Transactions on Applied Superconductivity, 2009, 19（3）: 2049-2052.

[88] CHANG B, CWIKOWSKI O, BARNES M, et al. Multi-terminal VSC-HVDC pole-to-pole fault analysis and fault recovery study[C]// 11th IET International Conference on AC and DC Power Transmission.Birmingham: [s.n.], 2015: 1-9.

[89] SNEATH J, RAJAPAKSE A D. Fault detection and interruption in an earthed HVDC grid using rocov and hybrid dc breakers[J]. IEEE Transactions on Power Delivery, 2015, 31（3）: 971-978.

[90] LI Z, YIN X, ZHANG Z, et al. Wide-area protection fault identification algorithm based on multi-information fusion[J].IEEE Transactions on Power Delivery, 2013, 29（3）: 1349-1355.

[91] CHEN W H. Online fault diagnosis for power transmission networks using fuzzy digraph models[J]. IEEE Transactions on Power Delivery, 2012, 27（2）: 798-799.

[92] MORAVEJ Z, PAZOKI M, KHEDERZADEH M. New pattern-recognition method for fault analysis in transmission line with UPFC[J]. IEEE Transactions on Power Delivery, 2015, 30（3）: 1231-1242.

[93] GOMES A D, COSTA M A, FARIA T G A, et al. Detection and classification of faults in power transmission lines using functional analysis and computational intelligence[J]. IEEE Transactions on Power Delivery, 2013, 29（3）: 1402-1413.

[94] XIA B, WANG Y, VAZQUEZ E, et al. Estimation of fault resistance using fault record data[J]. IEEE Transactions on Power Delivery, 2015, 30（1）: 153-170.

[95] DENG F, CHEN Z. Operation and control of a DC-grid offshore wind farm under DC transmission system faults[J]. IEEE Transactions on Power Delivery, 2013, 29（3）: 1357-1373.

[96] KONTOS E, PINTO R T, BAUER P. Fast DC fault recovery technique for H-bridge MMC-based HVDC networks[C]// 2015 IEEE Energy Conversion Congress and Exposition (ECCE).Montreal: [s.n.], 2015: 3351-3359.

[97] MOBAREZ M, KASHANI M G, CHAVAN G, et al. A novel control approach for protection of multi-terminal VSC based HVDC transmission system against DC faults[C]// 2015 IEEE Energy Conversion Congress and Exposition (ECCE). Montreal: [s.n.], 2015: 4209-4213.

[98] GUO C, LIU Y, ZHAO C, et al. Power component fault detection method and improved current order limiter control for commutation failure mitigation in HVDC[J]. IEEE Transactions on Power Delivery, 2015, 30（3）: 1595-1593.

[99] SILVA B, MOREIRA C L, LEITE H, et al. Control strategies for AC fault ride through in multiterminal HVDC grids[J]. IEEE Transactions on Power Delivery, 2014, 29（1）: 395-405.

[100] Chen W H. Decentralized fault diagnosis and its hardware implementation for distribution substations[J]. IEEE Transactions on Power Delivery, 2012, 27（2）: 902-909.

[101] GAO Z, DING S X, CECATI C. Real-time fault diagnosis and fault-tolerant control[J].IEEE Transactions on Industrial Electronics, 2015, 72（7）: 3752-3757.

[102] KASHYAP N, YANG C W, SIERLA S, et al. Automated fault location and isolation in distribution grids with distributed control and unreliable communication[J]. IEEE Transactions on Industrial Electronics, 2015, 72（4）: 2712-2719.

[103] HU Q, SAHNI M, GIBUNE C, et al. Development of an online real time web accessible low-voltage switchgear arcing fault early warning system[C]// 2007 39th North American Power Symposium. Las Cruces: [s.n.], 2007: 20-24.

[104] MA X. Novel early warning fault detection for wind-turbine-based DG systems[C]// 2011 2nd IEEE PES International Conference and Exhibition on Innovative Smart Grid Technologies. Manchester: [s.n.], 2011: 1-7.

[105] YANG J H, HUANG Y, ZHANG R, et al. Early detecting and protecting of fault arcs based on chaos[C]// IEEE International Conference on Condition Monitoring and Diagnosis.Beijing：[s.n.]，2009：779-791.

[106] FAN M, LIU Z, HUANG X, et al. Research on SOM-DBN based fault early warning system for dispatching automation[C]// 2006 International Conference on Power Systems Technology (POWERCON). Chongqing：[s.n.]，2007：1-4.

[107] GUO G, MAO X. Study on early warning system of the electrical spindle failures[C]// International conference on computer and network engineering. Zhengzhou：[s.n.]，2011：727-729.

[108] 薛士敏，陈超超，金毅，等. 直流配电系统保护技术研究综述[J]. 中国电机工程学报，2014，34（19）：3114-3122.

[109] 赵伟，白晓民，丁剑，等. 基于协同式专家系统及多智能体技术的电网故障诊断方法[J]. 中国电机工程学报，2007，20（11）：1-9.

[110] 周子冠，白晓民，李再华，等. 采用知识网格技术的智能输电网故障诊断方法[J]. 中国电机工程学报，2010，4（5）：9-15.

[111] 丁剑，白晓民，赵伟，等. 基于复杂事件处理技术的电网故障信息分析及诊断方法[J]. 中国电机工程学报，2007，29（6）：40-45.

[112] 李再华，白晓民，周子冠，等. 基于特征挖掘的电网故障诊断方法[J]. 中国电机工程学报，2010，10（8）：17-22.

[113] 李永丽，李博通. 带并联电抗器输电线路三相永久性和瞬时性故障的判别方法[J]. 中国电机工程学报，2010，1（8）：84-90.

[114] 林湘宁，刘沛，程时杰. 超高压输电线路故障性质的复值小波识别[J]. 中国电机工程学报，2000，2（11）：34-39.

[115] 林达，王慧芳，何奔腾，杨涛，张雪松. 基于波形相关性的带并联电抗器线路永久性故障判别方法[J]. 电力系统自动化，2013，17（9）：90-94＋102.

[116] 彭向阳，钱冠军，李鑫，高峰. 架空输电线路跳闸故障智能诊断[J]. 高电压技术，2012，9（7）：1975-1972.

[117] 索南加乐，代玲，宋国兵，王增超，仝小虎. 利用过渡电阻参数识别的输电线路永久性故障确认方法[J]. 高电压技术，2011，9（12）：1944-1951.

[118] 梁少华, 田杰, 曹冬明, 董云龙, 张建锋. 柔性直流输电系统控制保护方案[J]. 电力系统自动化, 2013, 15 (7): 59-75.

[119] 蔡新红, 赵成勇. 模块化多电平变换器型高压直流输电系统控制保护体系框架[J]. 电力自动化设备, 2013, 9 (4): 157-173.

[120] 仇雪娜, 赵成勇, 庞辉, 林畅. 基于 MMC 的多端直流输电系统直流侧故障控制保护策略[J]. 电力系统自动化, 2013, 15 (4): 140-145.

[121] 刘剑, 邰能灵, 范春菊, 黄文焘. 柔性直流输电线路故障处理与保护技术评述[J]. 电力系统自动化, 2015, 20 (7): 159-177.

[122] 许烽, 徐政, 傅闯. 多端直流输电系统直流侧故障的控制保护策略[J]. 电力系统自动化, 2012, 7 (8): 74-79.

[123] 高厚磊, 庞清乐, 李尚振, 等. 基于 Multi-agent 的智能馈线自动化自愈控制[J]. 高电压技术, 2013, 5 (2): 1219-1224.

[124] 刘健, 张小庆, 陈星莺, 等. 集中智能与分布智能协调配合的配电网故障处理模式[J]. 电网技术, 2013, 9 (21): 2709-2714.

[125] 黄靖, 张晓锋, 叶志浩. 基于多智能体的船舶综合电力系统故障恢复方法[J]. 中国电机工程学报, 2011, 13 (7): 71-79.

[126] 张剑, 戴则梅, 张勇, 闪鑫. 应用于集控中心的智能分析与故障告警系统[J]. 中国电机工程学报, 2013, 11 (S1): 107-111.

[127] 刘健, 张小庆, 赵树仁, 等. 主站与二次同步注入的配电自动化故障处理性能测试方法[J]. 电力系统自动化, 2014, 7 (9): 119-122.

[128] 于金镒, 刘健, 徐立, 等. 大型城市核心区配电网高可靠性接线模式及故障处理策略[J]. 电力系统自动化, 2014, 20 (7): 74-90 + 114.

[129] 胡静, 赵成勇, 赵国亮, 等. 换流站通用集成控制保护平台体系结构[J]. 中国电机工程学报, 2012, 22 (6): 133-140 + 9.

[130] 韩伟, 徐玲玲. 灵宝换流站控制/直流保护系统与阀的接口设计[J]. 高电压技术, 2005, 2 (9): 49-50.

[131] 赵庆喜, 蔡夏诗, 盛从兵, 等. 基于行波理论的电力线路绝缘故障预警系统[J]. 电力科学与技术学报, 2014, 29 (3): 67-72.

[132] 蓝会立, 张认成. 故障电弧早期预测预警系统研究[J]. 计算机测量与控制, 2011, 2 (11): 291-297.

[133] 卢永芳，卢珂，张玉均. 基于信息融合的配电柜故障电弧预警系统研究[J]. 科学技术与工程，2013，3（9）：735-739.

[134] 陈昆亮. 汽轮发电机组状态监测与故障预警系统研究[D]. 北京：华北电力大学，2012.

[135] 王佳明，刘文颖，张建立. 恶劣天气下的复杂电网连锁故障在线预警[J]. 电网技术，2012，37（5）：239-244.

[136] 卢建序. 电力电缆故障预警与测距定位技术研究[D]. 杭州：浙江大学，2014.

# 附　录　建模仿真相关参数

　　光伏电站直流升压汇集系统容量 5 WM，因此采用 5 个 1 MW 单元方式设计。采用两级升压结构，前级 Boost DC/DC 变换器更靠近光伏发电单元，实现 MPPT 控制功能；后级 DC/DC 变换器承担直流升压汇集功能。直流升压变换器采用 DC/AC、AC/DC，中间经变压器升压结构，且变换器采用 MMC 结构。

　　光伏电源仿真参数如下：

　　单个电池：

　　Trina Solar TSM-315PA14A（参数来源 Matlab）；

- 标准条件：1 000 $W/m^2$、25 ℃；
- 最大功率：317.602 W；
- 开路电压 $V_{oc}$：46 V；
- 短路电流 $I_{sc}$：8.86 A；
- 最大功率点电压 $V_{mP}$：37.9 V；
- 最大功率点电流 $I_{mP}$：8.38 A；
- 电压温度系数：－0.33；
- 电流温度系数：0.05。

　　光伏阵列：

- 输出功率 140 kW；
- 输出电压 985 V。

附表 1　仿真系统参数

| 参　数 | 数　值 |
|---|---|
| 光伏容量/MW | 5 |
| 第一级直流线路/km | 0.8 |
| 第二级直流线路/km | 4 |
| 直流线路单位电阻/(Ω/km) | 0.112 |
| 直流线路单位电感/(mH/km) | 0.56 |
| 直流线路单位对地电容/(μF/km) | 0.1 |